氧化锰基材料
的制备及其在柴油机尾气深度脱硫中的应用

YANGHUAMENG JI CAILIAO
DE ZHIBEI JIQI ZAI CHAIYOUJI WEIQI
SHENDU TUOLIU ZHONG DE YINGYONG

刘学成 [著]

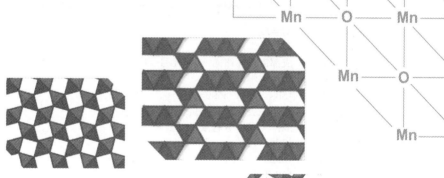

四川大学出版社
SICHUAN UNIVERSITY PRESS

项目策划：王　锋
责任编辑：王　锋
责任校对：周维彬
封面设计：璞信文化
责任印制：王　炜

图书在版编目（CIP）数据

氧化锰基材料的制备及其在柴油机尾气深度脱硫中的
应用 / 刘学成著 . — 成都：四川大学出版社，2021.9
　ISBN 978-7-5690-4058-6

　Ⅰ . ①氧… Ⅱ . ①刘… Ⅲ . ①氧化锰－材料制备－应
用－柴油机－烟气脱硫－研究 Ⅳ . ① X760.13

中国版本图书馆 CIP 数据核字（2020）第 263494 号

书名　氧化锰基材料的制备及其在柴油机尾气深度脱硫中的应用
YANGHUAMENG JI CAILIAO DE ZHIBEI JIQI ZAI CHAIYOUJI WEIQI SHENDU TUOLIU ZHONG DE YINGYONG

著　　者	刘学成
出　　版	四川大学出版社
地　　址	成都市一环路南一段 24 号（610065）
发　　行	四川大学出版社
书　　号	ISBN 978-7-5690-4058-6
印前制作	成都完美科技有限责任公司
印　　刷	成都金龙印务有限责任公司
成品尺寸	170mm×240mm
印　　张	10.25
字　　数	182 千字
版　　次	2021 年 9 月第 1 版
印　　次	2021 年 9 月第 1 次印刷
定　　价	45.00 元

◆ 读者邮购本书，请与本社发行科联系。
　电话：(028)85408408/(028)85401670/
　(028)86408023　邮政编码：610065
◆ 本社图书如有印装质量问题，请寄回出版社调换。
◆ 网址：http://press.scu.edu.cn

四川大学出版社
微信公众号

前　言

柴油机尾气排放的二氧化硫（SO_2）会严重危害人体健康，破坏生态环境以及毒害净化 NO_x 的催化剂。为了解决柴油机尾气大量排放的 SO_2 所引起的这些问题，提出了一种紧凑型脱硫捕集器来捕获尾气中的 SO_2。目前，对于柴油机尾气脱硫捕集器的研究尚处于实验室研究阶段，技术还不够成熟。柴油发动机尾气具有高空速、低 SO_2 浓度、宽温度区间等苛刻条件，导致目前所研究的脱硫材料成本高、脱硫性能不高，制约着当前所研究的脱硫捕集器在柴油发动机尾气处理系统中的应用。随着柴油发动机技术的不断提升，发动机尾气的温度也将越来越低，因此开发一种在中低温度区间下具有高效脱硫性能且价格低廉的脱硫材料是未来研究的主要方向。二氧化锰（MnO_2）具有多种晶体结构（$\alpha-MnO_2$、$\gamma-MnO_2$、$\beta-MnO_2$ 和 $\delta-MnO_2$），且锰具有多种金属价态，有望成为脱硫材料中高效的脱硫活性组分。然而，二氧化锰作为一种重要的干式脱硫材料，由于其易团聚、比表面积低导致其中低温脱硫性能不高。因此，高比表面积以及高分散纳米二氧化锰基复合材料有望成为未来柴油机尾气中低温脱硫技术发展的重要方向之一。本书通过添加载体制备高分散度的二氧化锰基复合材料，使用模板法制备拥有三维有序介孔结构的无载体锰氧化物（MnO_x）以及掺杂碱金属（Li、Na 和 K）、铈（Ce）制备的在低温下具有良好脱硫性能的氧化锰基复合金属氧化物来改善常规二氧化锰基脱硫材料的缺陷。通过 X 射线衍射（XRD）、扫描电子显微镜（SEM）、氮气吸附脱附（N_2 吸附—脱附）、X 射线光电子能谱（XPS）等方法对材料的物理化学结构进行表征，使用热重分析（TG）和容量法测试复合材料及脱硫捕集器的脱硫性能，并通过动力学分析，阐明了各种改性氧化锰材料的脱硫机理。

我们编写了《氧化锰基材料的制备及其在柴油机尾气深度脱硫中的应用》一书，希望能够为从事发动机尾气净化研究人员提供较为详尽的氧化锰复合材

1

料的制备技术及其在柴油机尾气脱硫中的应用细节，为柴油机尾气净化研究提供一定的科学依据和技术支撑。本书内容涉及面较广，编者参考了许多专业资料，刘学成编写了第二、三、四、五、六章（共计 10 万字），吴虹编写了第八、九章（共计 3 万字），张帆编写了第一、七、十章及脱硫捕集器经济性评价部分（共计 5 万字），黄宏宇研究员提出了许多宝贵的修改意见。全书由刘学成修改统稿。由于编者水平有限，书中的内容选择和文字表述上均可能存在不足之处，敬请广大读者和同行批评指正。

目　录

第1章 绪 论

1.1 研究背景

随着世界工业经济的快速发展，人类消耗了大量的化石燃料。2015 年世界主要国家一次能源消耗结构见表 1.1（钱伯章等，2016）。由表 1.1 我们可以看出，化石能源的消耗占世界一次能源消耗总量的 86.10%，我国化石能源的消耗占比高于世界平均水平，高达 88.30%。大量化石燃料燃烧排放的二氧化硫（SO_2）气体成为大气的主要污染物之一。

表 1.1　2015 年世界主要国家一次能源消耗结构

区域	化石能源	核能	水能	可再生能源
美国	86.01%	8.33%	2.52%	3.14%
中国	88.30%	1.30%	8.40%	2.00%
英国	82.00%	8.30%	0.70%	9.00%
日本	92.60%	0%	4.80%	2.60%
德国	79.70%	6.50%	1.40%	12.40%
印度	92.50%	1.20%	4.00%	2.30%
世界总计	86.10%	4.40%	6.80%	2.70%

在通常情况下，SO_2 是一种无色、有刺激性气味的有毒气体，是极性分子，易溶于水。在常温常压下，1 L 水能够溶解 39.4 L 的 SO_2 气体。SO_2 气体溶于水后的溶液为亚硫酸（H_2SO_3），H_2SO_3 经空气中的氧气氧化生成硫酸。

SO_2 产生的危害主要有三个方面：①危害人体健康（刘玉香，2007）；②破坏生态环境（袁红兰，2006）；③毒害脱除氮氧化合物（NO_x）催化剂（陈英，2007）。

SO_2 通过呼吸系统进入人体，由于 SO_2 易溶于水，人体在呼吸了含有 SO_2

1

的空气后，SO_2 通过呼吸道时会在湿润的呼吸道黏膜上溶解生成 H_2SO_3，H_2SO_3 经氧化还原反应生成具有强烈腐蚀性的硫酸、硫酸盐，从而引发多种呼吸器官疾病。在呼吸系统的平滑肌内有许多末梢神经，其在遇到 SO_2 带来的刺激后会紧缩，使呼吸系统的气道阻力增加，引发或导致呼吸器官疾病的加重。SO_2 进入人体后还可能被吸收进入血液，对全身都会产生毒害作用。它能够破坏各种代谢酶的活力，从而影响碳水化合物及蛋白质的正常代谢，对人体肝脏有一定的损害。当大气中 SO_2 的浓度达到 0.02 mg/L 时，就会对人体产生毒害作用；当 SO_2 的浓度超过 0.3 mg/L 时，人体就有可能因 SO_2 中毒而死亡（刘玉香，2007）。

大气中的 SO_2 过多会形成酸雨，酸雨会严重破坏生态环境。酸雨会对蔬菜的叶片产生伤害，还会降低农作物种子的成活率，降低豆类农作物中蛋白质的含量。酸雨会对树木的成长产生不利影响。调查资料表明，pH 值在 4.5 以下的降水会导致树木的树高和胸径降低，树木叶片普遍受害、生长过早衰退（袁红兰，2006）。酸雨会导致土壤的酸度大大增加，会使土壤释放出更多的甲烷、二氧化碳，从而增强温室效应，导致全球气候变暖。酸雨还能够将土壤中的有机铝元素转变成游离的活性铝离子，促使有毒的重金属元素活化，从而对植物的根系产生破坏作用，进而影响植物的生长。酸雨还影响土壤中氮元素的固定、有机物的分解以及土壤中酶的活性，导致土壤中营养成分的流失，进而使土壤贫瘠化。酸雨还会使河流和湖泊的水体酸化，严重影响各种鱼类的发育与繁殖，给鱼类的生长带来毁灭性的危害。酸雨具有强腐蚀性，会腐蚀金属、水泥、木材等建筑材料，从而损坏金属设备、桥梁和房屋等，给农业和工业生产带来巨大的损失。

含硫化石燃料燃烧后产生的 SO_2 对脱除氮氧化合物的催化剂有严重的毒害作用。脱除氮氧化合物的催化技术主要有选择性催化还原（Selective Catalytic Reduction，SCR）脱硝技术（Yang et al.，2016；Shen et al.，2010；Casapu et al.，2009；周涛等，2009；Qi et al.，2004；Tronconi and Beretta，1999；Binder－Begsteiger，1996；Blanco et al.，1996；Orsenigo et al.，1996）和氮氧化合物储存—还原催化（NO_x Storage Reduction，NSR）净化技术（Masdrag et al.，2015；Park J H et al.，2010；Park J W et al.，2008；Mathew et al.，2007；Park S M et al.，2007；肖建华等，2005）。

含硫化石燃料燃烧尾气中的 SO_2 对 SCR 催化剂的毒害作用非常明显。目前，广泛应用于 SCR 过程的商业催化剂是 V_2O_5/TiO_2 基催化剂（姜烨等，2013）。含硫化石燃料燃烧尾气含有一定浓度的 SO_2 和少量的三氧化硫（SO_3）。SO_2 会在 V_2O_5 的作用下进一步氧化成 SO_3，而 SO_3 易与 NH_3 以及烟气中的水蒸气（H_2O）反应形成硫酸氢铵（NH_4HSO_4）和硫酸铵 $[(NH_4)_2SO_4]$，如图 1.1 所示，反应的方程式如下：

$$2SO_2 + O_2 \rule[0.5ex]{2em}{0.4pt} 2SO_3 \tag{1.1}$$

$$NH_3 + SO_3 + H_2O \rule[0.5ex]{2em}{0.4pt} NH_4HSO_4 \tag{1.2}$$

$$2NH_3 + SO_3 + H_2O \rule[0.5ex]{2em}{0.4pt} (NH_4)_2SO_4 \tag{1.3}$$

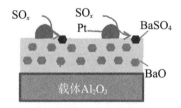

图 1.1　NSR 中毒示意图

生成的 NH_4HSO_4 及（$NH_4)_2SO_4$ 会沉积和积聚在催化剂的表面，从而导致催化剂的活性降低（姜烨等，2013）。除此之外，生成的 NH_4HSO_4 及 $(NH_4)_2SO_4$ 还会沉积在选择性催化还原反应器下游的空气预热器和管道的表面，腐蚀设备和管道，增大压降等（Pârvulescu et al.，1998）。

化石燃料燃烧尾气中少量的 SO_2 也很容易毒害 NSR 催化剂。NSR 催化剂中对 NO_x 的吸附储存的活性组分一般为碱性较强的碱金属氧化物或碱土金属氧化物。目前，广泛应用的 NSR 催化剂主要是 Pt/Ba/Al 体系，其中三氧化二铝（Al_2O_3）为载体，氧化钡（BaO）为氮氧化合物储存材料，贵金属 Pt 具有催化氧化和催化还原双重功能（Chen et al.，2015；Masdrag et al.，2012；Al－Harbi et al.，2010；Al－Harbi et al.，2009；Clayton et al.，2009）。SO_2 使 NSR 催化剂中毒的主要原因是硫酸钡的热力学稳定性强于硝酸钡，SO_2 或 SO_3 在储存组分 BaO 上生成比硝酸盐更稳定的硫酸盐，导致催化剂失去储存氮氧化合物的能力，如图 1.1 所示。

为了防治酸雨污染等 SO_2 的一系列危害，我国环境保护委员会于 1990 年通过了《关于控制酸雨发展的若干意见》。这一政策的出台标志着我国开始重

视和关注 SO_2 的排放所带来的一系列环境问题。1995 年，我国环境保护委员会修订了《中华人民共和国大气污染防治法》，首次划定了 SO_2 控制区及酸雨控制区（简称"两控区"），并要求"两控区"内必须安设配套脱硫除尘装置（韩伟，2005）。2002 年，国家环保总局发布了《国务院关于两控区酸雨和二氧化硫污染防治"十五"计划的批复》，要求各地区完成本地区的 SO_2 污染排放综合防治规划（国家环保总局，2002）。国家环保总局于 2005 年发布了《我国"九五"期间环评火电项目 SO_2 控制分析》和《关于加快火电厂烟气脱硫产业化发展的若干意见》，制定了电厂锅炉的烟气脱硫技术路线（中华人民共和国国家发展和改革委员会，2005；郑毓慧等，2005）。2006 年，我国"十一五"规划纲要提出对 SO_2 的排放总量减少 10％的要求。2012 年 8 月，我国"十二五"规划纲要提出了到 2015 年全国 SO_2 和氮氧化合物排放总量分别控制在 2086.4 万吨、2046.2 万吨，排放总量分别减少 8％和 10％的要求。2016年，我国"十三五"规划纲要提出对全国 SO_2 和氮氧化合物排放总量减少 15％的要求，进一步加强了对 SO_2 污染的控制。

虽然我国先后制定了一系列控制 SO_2 排放的相关政策，但是由于我国目前还处于工业化发展阶段，工业增加值在我国 GDP 中的比重不会降低，而且未来很长一段时间内，我国化石能源的消耗在一次能源消耗中仍然占据主导地位，化石能源燃烧排放的 SO_2 所带来的环境问题仍然严重。我国必须继续坚持 SO_2 减排策略，并应更多地着眼于能源效率的提高和尾气脱硫技术的研发。

1.2 脱硫技术

早在 20 世纪初，专家学者们就开始了有关脱硫技术的研究，至今已有 90 多年的历史了。目前，世界各国开发和使用的 SO_2 排放控制技术已有 200 多种（姜彦立等，2007）。总的来说，这些脱硫技术可归结为三类，即燃烧前脱硫、燃烧中脱硫和燃烧后脱硫。

1.2.1 燃烧前脱硫

我国化石燃料（主要为煤炭和原油）燃烧前脱硫技术主要包括物理、化学和生物的脱硫方法，以及其他多种技术联合使用的综合工艺。

目前，世界上最广泛采用的煤炭燃烧前脱硫技术是煤的物理净化技术。煤炭物理净化技术可以将原煤中的泥土、页岩和黄铁矿硫除去，工艺简单、操作成本低，但脱硫率较低（无法脱除煤中的有机硫）。煤炭化学法脱硫主要包括碱法脱硫、气体脱硫、热解与氢化法脱硫等化学反应方法，其主要目标是脱除煤中的有机硫，将煤中的有机硫转变为不同形态的硫从而使之分离。虽然化学法脱硫可获得超低灰、低硫分煤，但是由于其工艺流程复杂，投资和操作费用昂贵，所以一般仅应用于对煤炭质量要求较高的特殊领域。煤炭微生物脱硫技术是采用微生物将煤中的无机硫氧化溶解从而脱除。该方法能在常温常压下进行，具有耗能少、操作费用低等优点，但目前仅处于实验室研究阶段，要想培育出工业化生产的优良菌种还存在许多难题有待解决。煤炭转化脱硫技术主要有煤液化和煤气化两种方法。煤炭气化是采用水蒸气（H_2O）、氧气（O_2）或者空气作为氧化剂在高温条件下与煤炭发生化学反应，生成氢气（H_2）、一氧化碳（CO）、甲烷（CH_4）等可燃混合煤气的反应过程。煤炭气化方法可以脱除煤中 90%～99% 的硫化物、氮化物等杂质，可以极大地减少燃烧过程中污染物 SO_2 的排放并提高煤炭的利用效率。煤液化技术可分为直接液化和间接液化两大类。该技术是将煤转化为汽油、柴油、航空煤油等清洁的液体燃料及相关的化工原料产品的一种洁净煤技术。总的来说，煤炭转换技术虽可以将煤转换为清洁燃料加以利用，但一般效率较低，成本较高。煤的脱硫技术还包括电化学脱硫法、超临界萃取法、超声波脱硫法、干式磁选脱硫法、干式静电脱硫法和温和化学脱硫法等。

在通常情况下，原油中硫的存在形态可以简单地划分为活性硫和非活性硫两大类。活性硫是在原油中能直接与金属物质产生化学反应的含硫组分，如硫化氢、元素硫、硫醇等；非活性硫是在一般工艺条件下不与金属发生反应的较为稳定的含硫化合物，如硫醚、噻吩等。目前，国内外较常用的脱除硫化氢（H_2S）等活性硫的方法主要有多级分离法、负压闪蒸法、提馏法和气提法等（曲生等，2012）。多级分离法是一种常用的原油脱硫工艺。该方法是指原油在沿管路流动的过程中，压力会降低，当压力下降到某一特定数值时，原油中就会有部分易挥发的气体析出，当油气两相平衡后，把挥发出的气体排出，而剩余的液相原油将继续沿着管路流动，当压力再次降低到另一较低特定数值时，再把该过程中所析出的气体排出，如此反复，将最终得到的产品储存到储液罐中。多级分离法由于其分离程度较低，主要用于硫含量少的原油。负压闪蒸法是靠降低分离压力的原理进行原油脱硫。该方法有两种途径来实现原油脱硫的目的：一是保持压力不变来升高饱和原油的温度；二是保持饱和原油的温度不变来降低压力来使原油部分汽化。提馏法是依据精馏原理对原油进行脱硫处理的过程。精馏过程的实质是一个多次平衡汽化和多次冷凝的过程。它对物料的分离程度高，产品收率高，分离较完善。气提法通常是将气提工艺与机械搅拌相结合来脱除原油中所含有的 H_2S 等活性硫，根据相平衡原理，有效地降低轻组分蒸汽分压，促使原油中轻组分更易气化，从而达到脱硫的目的。脱除原油中活性硫的技术还包括化学脱硫和生物脱硫。化学脱硫主要是指在原油生产系统中适当的位置添加脱硫剂来达到原油脱硫的目的。常用的脱硫剂主要有氮基脱硫剂、氢氧化物脱硫剂、甲醛脱硫剂、强氧化物脱硫剂等。在油藏开发注水过程中，硫酸盐还原菌会通过代谢作用将硫酸盐转化为硫化氢等活性硫化合物。生物脱硫技术既要脱除已有的活性硫化合物，还要通过杀灭硫酸盐还原菌来抑制活性硫化合物的生成。而对于原油中硫醚、噻吩等非活性硫的脱除，有传统的加氢脱硫技术与非加氢脱硫技术（朱全力等，2006）。加氢脱硫技术是在一定的压力和温度下对原油进行催化加氢，使原油中非活性硫转变为硫化氢而除去，同时也可以脱除原油中氮、氧等杂原子及金属化合物。尽管加氢脱硫技术的工业投资较大，但由于该方法原料处理简单方便，并且对所脱除的硫化物也很容易处理，使得该技术普遍适用于炼厂的脱硫。非加氢脱硫技术主要包括酸碱精制、溶剂抽提、化学沉积和吸附脱硫等。尽管这些非加氢脱硫技术中不乏能有效脱硫者，但是由于这些技术的研究和开发起步较晚，技术还不够成熟，而且操作费用较高，油品的损失较大，经脱硫得到的有机硫化合物难于处理，因此在实际工业中的应用还不普遍。

1.2.2 燃烧中脱硫

化石燃料燃烧中脱硫，即在化石燃料中掺入固硫剂固硫，所生成的固硫产物会随着炉渣排出。通常情况下，在化石燃料中掺入或向燃烧炉内喷射生石灰（主要成分为氧化钙）、石灰石粉（主要成分为碳酸钙）、电石渣（主要成分为氢氧化钙）、白云石粉（主要成分为碳酸钙和碳酸镁）及富含金属氧化物的矿渣或炉渣等作为固硫剂。在化石燃料燃烧过程中，由于固硫剂的作用，燃烧产生的 SO_2 会与燃烧炉中含钙或镁的固硫剂发生化学反应，最后生成硫酸盐随炉渣排出，从而减少了 SO_2 排入大气而造成环境污染。脱硫反应一般分为脱硫剂的分解反应和硫化反应，反应温度一般在 800℃～1250℃ 的范围内，反应过程中涉及的化学方程式如下：

$$CaCO_3 = CaO + CO_2\uparrow \tag{1.4}$$

$$CaC_2 + 2H_2O = Ca(OH)_2 + C_2H_2 \tag{1.5}$$

$$Ca(OH)_2 = CaO + H_2O \tag{1.6}$$

$$MgCO_3 = MgO + CO_2\uparrow \tag{1.7}$$

$$CaO + SO_2 = CaSO_3 \tag{1.8}$$

$$2CaSO_3 + O_2 = 2CaSO_4 \tag{1.9}$$

$$2CaO + SO_2 + O_2 = 2CaSO_4 \tag{1.10}$$

$$CaO + SO_3 = CaSO_4 \tag{1.11}$$

化石燃料燃烧中脱硫技术主要有炉内直接喷钙脱硫技术、流化床燃烧脱硫技术、型煤燃烧技术、水煤浆（CWS）燃烧技术等。燃烧中脱硫技术容易对锅炉造成腐蚀、黏污结渣、受热面磨损进而降低锅炉的效率。目前，该技术一般仅在老旧发电厂中加以应用。

1.2.3　燃烧后脱硫（烟气脱硫）

燃烧后脱硫，即烟气脱硫（Flue Gas Desulfurization，FGD），是利用吸收剂或吸附剂去除化石燃料燃烧后烟气中的 SO_2，并使 SO_2 转化为稳定的硫化合物或硫，并对这些脱硫产物加以回收利用。烟气脱硫技术是所有 SO_2 减排技术中研究最多、发展最快的技术，同时也是目前世界上唯一能够大规模工业化应用的脱硫技术，并且在今后相当长的一段时期内仍然是最有效的方法。我国近几十年来也开展了许多有关 FGD 技术的研究。目前，FGD 技术的种类非常多，其按脱硫产物可否回收可分为抛弃法和回收法两种。抛弃法是将脱除 SO_2 后产生的固体残渣丢弃，而回收法则是将脱除的 SO_2 经物理化学方法将其制成硫酸、化肥、硫黄等适用于工农业的产品进行回收。抛弃法投资运行费用低，但脱硫产生的废弃物所造成的环境污染问题严重，而回收法投资运行费用高，经济效益低。FGD技术按脱硫过程中是否需要水以及脱硫产物的干湿形态，又可分为湿法、半干法和干法三种脱硫工艺。

湿法烟气脱硫技术（Wet Flue Gas Desulfurization，WFGD）是采用水溶液或浆液作为脱硫剂，发生脱硫反应后所生成的脱硫产物为湿态的一种脱硫工艺。一些传统的湿法烟气脱硫技术主要包括石灰石—石膏法、氨法、双碱法和海水洗涤法等。这些方法因其脱硫工艺需要消耗大量的石灰、氧化镁等矿产资源，而且脱硫反应后生成的产物难以回收，从而会对环境造成二次污染。

半干法烟气脱硫技术（Semi-Dry Flue Gas Desulfurization，SDFGD）同样是采用水溶液或浆液作为脱硫剂，而脱硫反应生成的脱硫产物却为干态的脱硫工艺。半干法烟气脱硫技术的脱硫剂在干燥状态下脱硫，然后在湿状态下再生；或者在湿状态下脱硫，然后在干燥状态下再生。常见的半干法烟气脱硫技术主要采用喷雾干燥脱硫工艺，该工艺是依据喷雾干燥原理，以石灰浆液为脱硫剂，将其以雾状形式喷入吸收塔内，脱硫剂雾滴在与 SO_2 发生反应的过程中不断吸收烟气中的热量来使雾滴中的水分蒸发干燥形成干态的灰渣，最后将干态的脱硫废渣排出。半干法烟气脱硫工艺比湿法烟气脱硫工艺的初始投资费用低。但是，由于脱硫过程中需要大量的石灰作为吸收剂，因此半干法烟气脱硫技术的工艺运行成本较高。

干法烟气脱硫技术（Dry Flue Gas Desulfurization，DFGD）是在完全干燥的状态下，采用粉状或粒状的脱硫剂来脱除化石燃料燃烧烟气中的 SO_2，反应后的脱硫产物仍为干态的技术。干法烟气脱硫技术主要包括电子束照射法（Electron Beam Irradiation，EBA）、脉冲电晕等离子法（Pulse Corona Induced Plasma Chemical Process，PPCP）和吸附法等。干法烟气脱硫技术因其工艺简单，投资、操作费用低，能源消耗小，设备腐蚀小且无二次污染，近年来引起了广泛的关注并得到了迅速的发展和工业化应用。

表1.2列出了湿法、半干法和干法三种主要的脱硫工艺发展现状。从表1.2中可以看出，湿法烟气脱硫工艺效率高，但投资成本高，设备复杂，耗水量大，占地面积大，湿态的脱硫副产品难以处理而易造成二次污染，并普遍存在积垢、腐蚀严重及堵塞等问题。半干法脱硫工艺与湿法脱硫工艺相比有投资

费用较低、能耗较小、脱硫产物便于处理、设备不易腐蚀/结垢/堵塞等优点。半干法脱硫工艺的主要缺点是脱硫剂采用的是主要成分为$Ca(OH)_2$的石灰，并且其脱硫的效率以及脱硫剂的利用率不如湿法脱硫工艺高，因此半干法脱硫工艺的运行成本更高。干法烟气脱硫技术具有无污水和废酸排出、设备腐蚀小，烟气在净化过程中无明显温降、净化后烟温高、利于烟囱排气扩散等优点，但存在脱硫效率低、反应速度较慢、设备庞大等问题。干法烟气脱硫技术由于能较好地回避湿法烟气脱硫技术存在的腐蚀和二次污染等问题，近年来得到了迅速的发展和应用。

表 1.2 湿法、半干法和干法三种脱硫工艺发展现状

方法		脱硫剂	脱硫率/%	存在的问题
湿法	石灰石—石膏法	$CaCO_3$	90	
	氨法	NH_3	95	技术引进成本高，占地
	双碱法	NaOH、CaO	95	面积大，副产物难处理
	海水洗涤	海水	90	
半干法	炉内喷钙法	$Ca(OH)_2$	85	运行成本高，占地面积大
干法	电子束法	NH_3	90	
	等离子体法	NH_3	90	能耗高，稳定性差，脱硫性能不高
	吸附法	金属氧化物	90	

1.3 柴油机尾气干式脱硫

我国机动车保有量不断创新高，2014 年机动车保有量更是高达 2.6 亿辆，如图 1.2 所示。机动车不断增多，其二氧化硫和氮氧化合物（NO_x）的排放量占化石能源燃烧后的排放量之比日益增大，对人体健康和环境有着极大的危害。截至 2014 年 2 月，机动车排放的氮氧化物占全国氮氧化物排放总量的1/4左右，而其中重型柴油机车尾气排放量占 72% 以上。

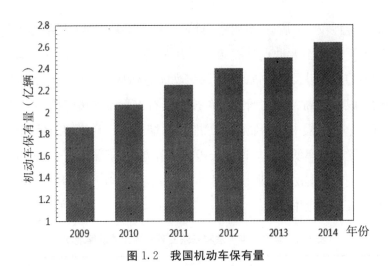

图 1.2　我国机动车保有量

近年来，我国 SO_2 和 NO_x 排放量居高不下，柴油机尾气排放的环保法规日趋严格，见表 1.3。从表 1.3 可以看出，国家环保部强制要求国内机动车"国Ⅳ阶段" NO_x 排放量比"国Ⅲ阶段"降低 50%。2018 年以后实施"国Ⅴ标准"，比"国Ⅳ阶段" NO_x 排放限值严格了 25%～28%。因此，减少我国柴油机尾气中 SO_2 和 NO_x 排放量的问题越来越受到重视。

表 1.3　国Ⅱ、国Ⅲ、国Ⅳ排放标准的限值

前量	类别	级别	基准质量 (Rw)/kg	限值/(g·km⁻¹)								
				CO		HC		NOx		HC+NOx		PM
				汽油	柴油	汽油	柴油	汽油	柴油	汽油	柴油(直喷/非直喷)	柴油(直喷/非直喷)
Ⅱ	第一类车	—	全部	2.2	1.0	—	—	—	—	0.5	0.7/0.9	0.08/0.10
	第二类车	Ⅰ	Rw≤1250	2.2	1.0	—	—	—	—	0.5	0.7/0.9	0.08/0.10
		Ⅱ	1250<Rw≤1700	4.0	1.25	—	—	—	—	0.6	1.0/1.3	0.12/0.14
		Ⅲ	1700<Rw	5.0	1.5	—	—	—	—	0.7	1.2/1.6	0.17/0.20
Ⅲ	第一类车	—	全部	2.30	0.64	0.20	—	0.15	0.50	—	0.56	0.050
		Ⅰ	Rw≤1305	2.30	0.64	0.20	—	0.15	0.50	—	0.56	0.050
		Ⅱ	1305<Rw≤1760	4.17	0.80	0.25	—	0.18	0.65	—	0.72	0.070
		Ⅲ	1760<Rw	5.22	0.95	0.29	—	0.21	0.78	—	0.86	0.100

			基准质量 (Rw)/kg	限值/(g · km^{-1})					
				CO	HC	NO$_x$		HC+NO$_x$	PM
IV	第一类车	一	全部	1.00	0.50	0.10	—	0.08	0.25	—	0.30	0.025
		I	$Rw \leqslant 1305$	1.00	0.50	0.10	—	0.08	0.25	—	0.30	0.025
		II	$1305 < Rw \leqslant 1760$	1.81	0.63	0.13	—	0.10	0.33	—	0.39	0.040
		III	$1760 < Rw$	2.27	0.74	0.16	—	0.11	0.39	—	0.46	0.060

目前，为减小 SO_2 对净化 NO_x 的催化剂的毒害作用，主要的方法是对柴油进行加氢处理，减少柴油中的硫含量，提升柴油的品质。国外使用的是"无硫柴油"，这种"无硫柴油"中硫含量的质量分数不大于 10 ppm。然而，即使是这种"无硫柴油"也无法避免 SO_2 对净化 NO_x 的催化剂的毒害作用。我国的柴油分为普通柴油和车用柴油，普通柴油中硫的质量分数不大于 350 ppm，车用柴油的硫含量标准为不大于 50 ppm。因此，我国柴油车尾气系统中 SO_2 对净化 NO_x 的催化剂的毒害作用非常严重。与燃煤电厂的烟气脱硫条件相比，应用于柴油发动机的尾气脱硫技术有着更加苛刻的条件，见表1.4。为减少我国柴油机尾气中 SO_2 的排放量以及避免 SO_2 对净化 NO_x 的催化剂的毒害作用，采用的一种较好的解决方法是在净化 NO_x 系统之前置放一个干式脱硫捕集器(Limousy et al.，2003)，即柴油机尾气干式脱硫技术，如图1.3所示。干法脱硫技术因其工艺简单，能源消耗小、脱硫过程中不需要水且无二次污染等优点，近年来在柴油机尾气脱硫方面引起了广泛的关注并得到了迅速的发展。脱硫材料作为柴油机干法烟气脱硫技术的核心材料之一，主要可以分为贵金属催化剂、金属碳酸盐、金属氧化物等。本节就目前国内外所研究的柴油机尾气干式脱硫材料，分为以下几个方面进行介绍与讨论。

表 1.4　柴油发动机尾气脱硫与燃煤电厂烟气脱硫的区别

类别	燃煤电厂	柴油发动机
脱硫方法	湿法	干法
脱硫率	70%～80%	99%
温度	100℃	200℃～650℃
空速	10^3 h^{-1}	10^4～10^5 h^{-1}
SO_2 初始浓度	高于 1000 ppm	0.2～1000 ppm

图 1.3　干式脱硫捕集器示意图

1.3.1　贵金属催化剂

典型的贵金属脱硫催化剂由贵金属、碱土金属和载体组成，如 Pt/BaO/Al_2O_3，氧化硫（SO_x）在贵金属的作用下与碱土金属发生反应生成硫酸盐。Yoshida 等（2007）使用含贵金属和强碱性金属氧化物的脱硫材料的捕集器来捕获尾气中的 SO_x，研究发现将脱硫捕集器置于净化 NO_x 催化剂之前，柴油车行驶 4000 km 之后净化 NO_x 催化剂的 NO_x 转化率仍高达 80%。意大利墨西拿大学的 Centi 教授等（2006）考察了含 2% 贵金属 Pt 和碱金属或碱土金属的催化剂在 150℃～450℃ 下的脱硫性能和 SO_2 吸附氧化动力学。Happel 等（2009）研究发现 $Pt-CeO_2$ 材料可以同时吸附 SO_2 和 SO_3，而 SO_3 的吸附是动力学控制步骤，因此 SO_2 的氧化速率对整个 SO_x 的捕获动力学至关重要。2003年，Limousy 等研究了 4 种不同的贵金属脱硫材料（A 含 0.03% Pt、0.41%Pd、0.03% Rh；B 含 018% Pd、0.04% Rh；C 含 0.65% Pd、0.02% Rh；D含 0.61% Pd、0.06% Rh）及其分别在 900℃、1050℃ 下处理后的脱硫性能，在 600℃、30 ppm SO_2、8% O_2、10% H_2O 和 N_2 为平衡气的条件下的脱硫性能，见表 1.5。2007 年，Limousy 等将贵金属和金属添加剂涂覆在氧化铝载体上制得贵金属脱硫材料（含 0.03% Pt、0.41 % Pd、0.03 % Rh、2.3 % Ba、0.48 % Ce、3.4 % Zr），并考察了水对其脱硫性能的影响，发现在没有水存在的条件下，这种贵金属脱硫材料不能脱除所有的 SO_2。Li 等（2005a）采用离子交换法制备了 $Ag_{1.8}Mn_8O_{16}$ 材料，在 325℃ 下可捕获 0.425 $g_{SO_2}/g_{absorbent}$。Nakatsuji 等（1998）提出了一种基于 AgO/Al_2O_3 的可再生脱硫捕集器，实验发现在稀薄燃烧条件下，这种材料有着很强的 SO_2 吸附能力。Li 等（2010）使用 $Ag-SiO_2$ 材料制备了一种快速再生的脱硫捕集器。Chansai 等（2013）制备了由 Ag/SiO_2 和 Ag/Al_2O_3 组成的可再生脱硫捕集器，实验发现在正常操作条件下使用这种脱硫捕集器可以避免 SO_2 对选择性催化还原催化剂（SCR）的毒害作用。然而由于反应过程中会生成稳定的硫酸铝 $Al_2(SO_4)_3$ 和偏铝酸银 $AgAlO_2$（Nakatsuji et al.，1998；Meunier et al.，2000），因此这种基于贵金属材料的脱硫捕集器的长期稳定性不够好（Nakatsuji et al.，1999）。由于贵金属脱硫催化剂由昂贵的贵金属组成，其成本很高，加之其脱硫稳定性差等原因，难以应用于实际生产中。

表 1.5　老化处理和未处理的催化剂 A、B、C、D 在 600℃ 下的脱硫性能

（30 ppm SO_2、8% O_2、10% H_2O，N_2 为平衡气）

	A $(\times 10^{-4} mol/g)$	B $(\times 10^{-4} mol/g)$	C $(\times 10^{-4} mol/g)$	D $(\times 10^{-4} mol/g)$
未处理	1.73	0.66	1.96	1.12
900℃老化	1.37	—	—	—
1050℃老化	1.06	0.24	0.61	0.051

1.3.2　金属碳酸盐

金属碳酸盐材料应用于柴油机尾气脱硫的研究报道主要集中在高温有氧的条件下，这是因为在高温条件下金属碳酸盐能够通过自身的分解并与 SO_x 发生反应来吸附 SO_x，其在高温条件下至少连续发生两步反应，反应机理见下列方程式：

$$M_x(CO_3)_y \ (s) \longrightarrow M_xO_y \ (s) + yCO_2 \ (g) \tag{1.12}$$

$$M_xO_y \ (s) + ySO_2 \ (g) \longrightarrow M_x(SO_3)_y \ (s) \tag{1.13}$$

$$M_x(SO_3)_y \ (s) + \frac{1}{2}yO_2 \ (g) \longrightarrow M_x(SO_4)_y \ (s) \tag{1.14}$$

式中，M 为 Ba、K、Ca 等碱金属或碱土金属。

2010 年，Nishioka 等将 K_2CO_3 和 $BaCO_3$ 的复合材料应用于柴油机尾气系统的脱硫捕集器，并探究了该复合材料的脱硫机理。实验发现，在低温条件下，SO_2 以表面吸附的形式被捕获并能检测到脱附的 SO_2；而在高温（大于 200℃）有氧条件下，SO_2 和碳酸盐发生反应，生成硫酸盐并释放出 CO_2，未检测到脱附的 SO_2。Milne 等（1990）提出了石灰岩在高温条件下的脱硫理论模型。碳酸盐的物理性质（比表面积、孔径、孔体积等）对其脱硫速率和脱硫容量有很大的影响（Borgward et al.，1972）。Li 等（2006）研究了 $CaCO_3$ 的脱硫动力学和机理，发现在水蒸气存在的条件下，$CaCO_3$ 的表面吸附 SO_2 生成 $CaSO_3$ 的反应为控制步骤。2014 年，日本金泽大学的 Osaka 等制备了一种掺杂 Na 的 $CaCO_3$ 复合材料，并将其涂覆在蜂窝状的陶瓷载体上，制得用于柴油机尾气系统的脱硫捕集器，使用固定床装置测试了捕集器的脱硫性能。在温度为 450℃的条件下，掺杂 Na 的 $CaCO_3$ 复合材料可以捕获 77.6～90.6 $mg_{SO2}/g_{material}$，其脱硫量是未掺杂 Na 的 $CaCO_3$ 材料的 10 倍左右。金属碳酸盐资源广泛，价格低廉，然而其脱硫性能还有待提高。

1.3.3 金属氧化物

金属氧化物（M_xO_y）易与 SO_2 发生反应生成金属硫酸盐，并且在一定温度下可以通过加热分解或者使用还原剂（如氢气等）在较低温度下使其还原再生。美国杜康拉公司和美国环境保护署（United States Environmental Protection Agency，EPA）考察并比较了 48 种金属氧化物的热力学数据与反应动力学性质，结果发现有 6 种金属（Cu、Cr、Fe、Ni、Co、Ce）的氧化物能有效地脱除锅炉烟气中的 SO_2（冯亚娜等，2003），这一发现可以为选择合适的金属氧化物制备柴油机干式脱硫捕集器提供理论指导。

$$M_xO_y\ (s)\ +ySO_2\ (g)\ +\frac{1}{2}yO_2\ (g)\ \longrightarrow M_x(SO_4)_y\ (s) \qquad (1.15)$$

查尔姆斯理工大学的 Kylhammar 等（2008）考察了基于 CeO_2 的可再生脱硫捕集器的脱硫性能，结果发现 SO_2 在 CeO_2 的表面发生吸附反应生成硫酸盐。与未处理的材料相比，基于 CeO_2 的材料经过大量 SO_2 处理后，在 250℃和 400℃下其脱硫性能降低而 SO_x 的释放量增多，这说明一部分反应后的 CeO_2 是不可再生的。Waqif 等（1997a）使用红外光谱仪和热重装置研究了 CeO_2 － Al_2O_3 的 SO_2 吸附氧化性能，实验发现在 Al_2O_3 中添加 CeO_2 能够使硫酸盐的生成温度降低。Waqif 等（1997b）发现在没有氧气的条件下，CeO_2 也能和 SO_2 发生反应生成硫酸盐。此外，一些专家学者还研究了 Al_2O_3（Saur et al.，1986）、TiO_2（Saur et al.，1986）、ZrO_2（Bensitel et al.，1988）、MgO（Bensitel et al.，1989）、$MgAl_2O_4$（Waqif et al.，1991）的脱硫性能。

2005 年，Li 等（2005b）研究考察了氧化锰等一些金属氧化物的脱硫性能，结果发现八面体分子筛结构（OMS）的氧化锰材料具有很好的脱硫性能，见表 1.6。在各种各样隧道结构（2×2，2×3，2×4，3×3）的氧化锰材料中，锰钾矿（2×2）具有最好的脱硫性能。同年，Li 等（2005c）考察了锰钾矿（2×2）的脱硫稳定性，结果发现锰钾矿材料在温度区间为 250℃～450℃的稳定性较好，并且脱硫性能也能维持在较高水平。因此，锰钾矿有可能被应用于制备一种可替换的脱硫捕集器来脱除柴油机尾气中的 SO_x。Osaka 等（2014）制备了比表面积为 250 m^2/g 的 MnO_2，并将其涂覆在载体上制得脱硫捕集器，结果发现高比表面积的 MnO_2 材料具有更好的脱硫性能，在 450℃下可以捕获 0.43～0.45 $g_{SO_2}/g_{material}$，脱硫效率高达 90%，并估算出对于一艘 8500 kW 的轮船航行 20 天所需的脱硫捕集器的体积为 20 m^3。Jiang 等（2011）研究了 MnMgAlFe 的混合氧化物的比表面积对脱硫性能的影响，实验结果发现比表面积越大，MnMgAlFe 的混合氧化物的脱硫性能越好，脱硫速率也越快。Kang 等（2014）发现所制备的最大比表面积为 142.2 m^2/g 的 CuMgAlCe 混合氧化物具有最快的脱硫速率和最大的脱硫量。Yu 等（2013）采用电纺丝技术分别将金属氧化物 TiO_2 和 Co_3O_4 掺杂在活性炭纳米纤维上，制得比表面积为 1146.7 m^2/g 掺杂 TiO_2 的活性炭纳米纤维和比表面积为 1238.5 m^2/g 掺杂 Co_3O_4 的活性炭纳米纤维，在低 SO_2 浓度（1.0 $\mu g/mL$）的条件下，其脱硫率分别为 66.2% 和 67.1%。为了获得高效的金属氧化物脱硫材料，一种有效的方法就是增大金属氧化物的比表面积。

表 1.6　在 325℃、250 ppm SO_2 的空气条件下，一些备选材料的脱硫性能

备选材料	SO_2 穿透性能（100 $g_{SO_2}/g_{material}$）
Al_2O_3	1.1
CaO	3.6
$Ca(OH)_2$	3.2
MgO	2
Mn_2O_3	0.2
ZrO_2	1.6
$ZrO_2 - CeO_2$	2.0
$ZrO_2 - CeO_2 - La_2O_3$	3.2
1×1 锰钾矿	<0.1

备选材料	SO_2 穿透性能（$100\ g_{SO_2}/g_{material}$）
2×2 隐锰矿	59
2×3 钡硬锰矿	57.5
2×4 钠锰氧化物	33
3×3 钙锰矿	53

目前，对于柴油机尾气脱硫捕集器的研究尚处于实验室研究阶段，技术还不够成熟。柴油发动机尾气具有高空速、低 SO_2 浓度、宽温度区间等苛刻条件，导致目前所研究的脱硫材料成本高、其脱硫性能不高，制约着当前所研究的脱硫捕集器在柴油发动机尾气处理系统中的应用。随着柴油发动机技术的不断提升，发动机尾气的温度也将越来越低，因此开发一种在中低温度区间下有着高效脱硫性能且价格低廉的脱硫材料是未来研究的主要方向。

二氧化锰具有多种晶体结构（$\alpha-MnO_2$、$\gamma-MnO_2$、$\beta-MnO_2$ 和 $\delta-MnO_2$），并且锰具有多种金属价态（其中有稳定氧化态的价态为＋2、＋3、＋4、＋5、＋6 和＋7），有望成为脱硫材料中高效的活性组分。然而，二氧化锰作为一种重要的干式脱硫材料，由于其易团聚、比表面积低导致其中低温脱硫性能不高。因此，高比表面积以及高分散纳米二氧化锰基材料有望成为未来柴油机尾气中低温脱硫发展的重要方向之一。

1.4　课题的提出及主要内容

随着柴油机车数量的不断增多，其尾气排放的二氧化硫（SO_2）成为大气主要污染物，对人体健康和环境具有极大的危害。同时，净化 NO_x 的催化剂易受 SO_2 的侵蚀而中毒（Fang et al.，2003；Kim et al.，2014；Ottinger et al.，2012；Wang et al.，2010；Olsson et al.，2010），这也是我国 NO_x 排放量最近几年一直居高不下的主要原因之一。柴油机尾气排放的环保法规日趋严格，NO_x 催化剂硫中毒的问题越来越受到人们的重视。目前，为减小 SO_2 对净化 NO_x 的催化剂的毒害作用，主要方法是对柴油进行加氢处理，减小柴油中的硫含量。然而，即使国外使用的"无硫柴油"也无法避免硫对净化 NO_x 的催化剂的毒害作用（Choi et al.，2008）。为减少柴油燃烧后的 SO_2 排放量和避

免硫对净化 NO_x 的催化剂的毒害作用，一种较好的解决方法是在净化 NO_x 系统之前、颗粒过滤器（DPF）之后置放一个干式脱硫捕集器，即柴油机尾气干式脱硫技术。

一辆柴油发动机一年行驶三万千米会释放 800 g 的 SO_2（若使用50 ppm的柴油）。然而，由于柴油机尾气空速大（$10^4 \sim 10^5\,h^{-1}$），SO_2 浓度低，温度区间宽等苛刻条件导致目前所研究的脱硫材料的脱硫性能不高，无法满足柴油发动机一年的行驶要求。此外，随着柴油发动机技术的不断提高，柴油机尾气的最高温度将降低为 450℃，因此柴油机尾气的温度区间为 50℃～450℃，这对于脱硫捕集器的中低温性能有了更高的要求。

二氧化锰具有多种晶体结构，并且金属锰具有多变的氧化价态，是一种高效的中低温干式脱硫活性组分，并且二氧化锰还具有无毒害、价格低廉等优点，有望成为工业化柴油机尾气脱硫捕集器中的脱硫材料。本书以开发应用于柴油机尾气脱硫捕集器中具有高效脱硫性能的二氧化锰基脱硫材料为研究目的，研发并制备基于二氧化锰的中温（200℃～450℃）和低温（50℃～200℃）深度脱硫材料，系统地分析新研发的高比表面积、高分散二氧化锰基材料对柴油机尾气中 SO_2 的脱除性能，揭示上述脱硫材料的脱硫机理，主要的研究方法及内容包括：

（1）采用 SEM、氮气吸附法、XRD 和激光粒度仪等分析手段对高比表面积的二氧化锰进行表征，使用热重装置来评价高比表面积二氧化锰在中温 200℃～450℃条件下对柴油机尾气中 SO_2 的捕获性能，考察孔径、比表面积等孔结构以及反应温度、SO_2 浓度对脱除 SO_2 的影响，分析高比表面积二氧化锰的脱硫反应机理。

（2）采用浸渍法制备出二氧化锰复合金属氧化物，并使用 SEM、氮气吸附法、XRD 等分析手段对其进行表征，考察焙烧温度、反应物浓度等因素对二氧化锰复合金属氧化物物理结构的影响，采用热重装置测试二氧化锰复合金属氧化物在中温 200℃～450℃条件下的 SO_2 捕获性能。

（3）使用沉淀法、水热法和回流法来制备二氧化锰/活性炭复合材料，使用 SEM、氮气吸附法、XRF、XRD、XPS 和 FTIR 等分析手段考察不同制备方法对二氧化锰/活性炭复合材料中二氧化锰的表面形貌、晶相和分散度的影响，采用热重装置测试所制备的二氧化锰/活性炭复合材料在低温 50℃～

200℃条件下的 SO_2 捕获性能，考察反应温度、反应物浓度、物理结构等因素对低温脱硫复合材料的 SO_2 捕获性能的影响，分析二氧化锰/活性炭复合材料低温脱硫的等温吸附模型，并计算相关的热力学参数。

（4）采用模具成型工艺制备出一种新型无载体的二氧化锰脱硫捕集器，并使用 SEM、TEM、氮气吸附法、XRD 等分析手段对其进行表征，使用容量法装置来考察二氧化锰脱硫捕集器在消除气体分子间扩散阻力条件下的脱硫性能，考察反应温度、二氧化锰脱硫捕集器的厚度、堆积密度等因素对二氧化锰脱硫捕集器脱硫性能的影响，分析脱硫反应机理，求取反应过程的表观活化能。

第 2 章　研究方法

本章系统地介绍了实验研究中所涉及的仪器设备和实验方法，主要分为两个部分：一是对脱硫材料进行物理化学表征所用到的仪器设备和实验方法；二是对脱硫材料进行性能评价所用到的装置和实验方法。

2.1　物理化学表征

2.1.1　扫描电子显微镜

扫描电子显微镜（Scanning Electron Microscopy，SEM）主要是利用二次电子信号成像来观察二氧化锰及其复合材料的表面形貌。扫描电子显微镜自带的能谱仪（Energy Dispersive Spectrometer，EDS）可以用来分析测试脱硫材料的元素组成。由于二氧化锰及其复合材料的导电性不好，因此在进行 SEM测试前需要对测试样品进行喷金处理，从而获得清晰度高的扫描电镜图片。SEM 测试所采用的设备为日本 Hitachi 公司生产的 S－4800 扫描电子显微镜。

2.1.2　透射电子显微镜

透射电子显微镜（Transmission Electron Microscopy，TEM）是把经加速和聚集的电子束投射到薄片的样品上，电子与样品中的原子碰撞而改变方向产生立体角散射，由于样品的密度与厚度影响着散射角的大小，因此获得明暗不同的影像，再将影像放大或聚焦后用荧光屏、胶片、感光耦合组件等成像器件显示出来。TEM 主要是用于观察二氧化锰及其复合材料的微观形状、尺寸、成分及表面元素分布等情况。将微量样品放入装有 4 mL 无水乙醇的离心管中，超声分散 1 h 后，用镊子夹住镀有炭膜的铜网微栅，并在分散好的溶液中上下浸渍，放置在干净的过滤纸上自然晾干，最后放入微栅盒中准备做测试。实验样品的 TEM 微观形貌观察所采用的测试设备为日本 JOEL 公司生产的 JEM－2100F 型号的透射电子显微镜。

2.1.3　X 射线衍射法

X 射线衍射（X－ray Diffraction，XRD）是利用单色 X 射线入射晶体时所产生的衍射花样来反映出该晶体内部的原子分配规律。由于晶体是由原子规则排列的晶胞组成，其原子间的距离和入射的 X 射线波长具有与 X 射线衍射分析相同的数量级，因此由不同原子散射的 X 射线相互干涉，在某些特殊方向上产生强 X 射线衍射。衍射线在空间分布的方位和强度与晶体结构密切相关。X 射线衍射可用来获得粉末的相组成、晶体的结构和晶粒的尺寸等。晶面间距可以通过布拉格（Bragg）公式来计算，晶面间的距离和衍射角应满足 Bragg 方程：

$$2d\sin\theta=n\lambda \tag{2.1}$$

式中，λ 是 X 射线的波长，n 为衍射级数，d 为晶面间距，θ 是衍射角。

X 射线衍射测试所采用的测试设备为荷兰 Panalytical 分析仪器公司生产的 X'Pert Pro MPD 型号 X 射线衍射分析仪。

2.1.4　氮吸附比表面测试

氮吸附比表面测试主要用于测试本书中二氧化锰及其复合材料的比表面积、平均孔径、孔径分布、孔体积等相关参数。实验中采用 Brunauer Emmett Teller（BET）方法处理实验数据，获得测试样品的比表面积，微孔和介孔的孔径分布分别根据 HK 法和密度泛函理论 DFT（Density Function Theory）在 77K 氮气气氛下使用电容测量方法计算获得，孔体积是在正常相对压力 0.1～1.0 的条件下采用 BJH（Barrett Joyner Halenda）方法计算获得。氮吸附比表面测试设备为美国 Micromeritics 公司生产的 ASAP2010 型号的氮吸附比表面测试仪。

2.1.5　热重分析

热重分析法（TG、TGA）是在升温、恒温或降温过程中，观察样品的质量随温度或时间的变化，目的是研究材料的热稳定性和组分。热重分析设备可以同时获得 TGA（热重分析）和 DSC（扫描热法）的数据。DSC 可以知道样品在加热过程中的吸热或放热情况，结合 TGA 的失重分析，可以分析样品在热处理过程中，发生了哪些物理化学变化。测试设备采用德国林赛斯（LINSEIS）公司生产的 HDSC PT500LT/1600 型号的低温、高温差示扫描量热仪。

2.1.6　红外光谱分析

光谱技术是根据原子、分子或原子和分子的离子对电磁波的吸收、发射或散射来研究原子、分子的物理过程。当一束具有连续波长的红外光通过物质，物质分子中某个基团的振动频率或转动频率与红外光的频率一样时，分子就吸收能量，由原来的基态振（转）动能级跃迁到能量较高的振（转）动能级，分子吸收红外辐射后发生振动和转动能级的跃迁，该处波长的光就被物质吸收。因此，红外光谱法（Infrared Spectroscopy，IR）实质上是一种根据分子内部原子间的相对振动和分子转动等信息来确定物质分子结构和鉴别化合物的分析方法。光谱技术对晶体和无定形材料中原子的局部环境更为敏感。红外光谱和拉曼光谱属于振动光谱，可用于分析材料中的极性键的振动状态获得分子结构信息。红外光谱可以表征化学键，进而表征分子结构。红外光谱可以用来识别化合物和结构中的官能团。将分子吸收红外光的情况用仪器记录下来，就得到红外光谱图。红外光谱图通常以波长（λ）或波数（σ）为横坐标，表示吸收峰的位置，以透光率（$T\%$）或者吸光度（A）为纵坐标，表示吸收强度。红外光谱分析方法具有样品用量少、样品处理简单、测量速度快、操作方便等优点。多采用溴化钾压片法或矿物油涂膜法制备样品，但在测定脱水、酸性或催化反应的原位表征时，则需要纯样品。其测定区域一般为 $200 \sim 4000$ cm^{-1}。红外光谱测试设备为德国布鲁克（BRUKER）公司生产的 TENSOR27 型号的傅立叶变换红外光谱仪。

2.1.7　X 射线荧光光谱分析

X 射线荧光光谱是利用初级 X 射线光子或其他微观离子激发待测物质中的原子，使之产生荧光（次级 X 射线）而进行物质成分和化学态分析的方法。按激发、色散和探测方法的不同，分为 X 射线光谱法（波长色散）和 X 射线能谱法（能量色散）。X 射线荧光光谱仪和 X 射线荧光能谱仪各有优缺点。前者分辨率高，对轻、重元素测定的适应性广。对高低含量的元素测定灵敏度均能满足要求。后者的 X 射线探测的几何效率可提高 2～3 个数量级，灵敏度高。可以对能量范围很宽的 X 射线同时进行能量分辨（定性分析）和定量测定。对于能量小于 2 万电子伏特左右的能谱的分辨率差。X 射线荧光分析法用于物质成分分析，对许多元素可测到 10^{-7}～10^{-9} g/g，用质子激发时，检出可达 10～12 g/g；强度测量的再现性好；便于进行无损分析；分析速度快；应用范围广，分析范围包括原子序数 $Z \geqslant 3$ 的所有元素。除用于物质成分分析外，还可用于原子的基本性质，如氧化数、离子电荷、电负性和化学键等的研究。X 射线荧光光谱分析的测试设备为荷兰 PANalytical B. V. 公司生产的 AXIOSmAX－PETRO 型号的波长色散 X 射线荧光光谱仪。

2.1.8 X 射线光电子能谱分析

X 射线光电子能谱（X－ray Photoelectron Spectroscopy，XPS）是以 X 射线为激发光源的光电子能谱，通过检测从材料表面 1～10 nm 范围内出射的光电子的结合能来分析材料的表面化学信息。由于 X 射线具有很高的能量，其投射到材料表面不仅能够使材料表面分子的价电子电离，而且还能够把内层电子激发出来，而在不同的分子中同一种原子的内层电子的结合能也各不相同，因此不同的结合能对应不同的内层电子。X 射线光电子能谱是一种测定材料表面的化学组成、表面元素的化学态以及电子态的定量能谱技术，也是一种对材料表面定性、半定量分析的非常重要的测试手段。

在 X 射线光电子能谱测试过程中，待测定物质的原子轨道的结合能 E_b 可以用以下方程（2.2）来表示：

$$E_b = h\upsilon - E_k - \varnothing \qquad (2.2)$$

式中，E_b 为指定轨道电子的结合能，是原子层 n，l，m，s 中电子与核电荷之间相互作用的强度；$h\upsilon$ 为入射 X 射线光电子的能量，E_k 为出射光电子的动能，$\varnothing$ 为 X 射线光电子能谱测试仪的功函数。

在 X 射线光电子能谱（XPS）分析中，由于指定了单色 X 射线激发源和对应的原子轨道，在测试过程中可以认定光电子的能量是独一无二的。一般情况下会根据激发轨道的名称来标记激发出来的光电子，如 Mn 2p 是指从 Mn

原子的 2p 轨道中激发出来的光电子。因此，我们就可以利用 X 射线光电子能谱中光电子的结合能来定性分析所测试样品中的元素种类。

　　X 射线光电子能谱定量分析的原理是根据出射的光电子强度与指定原子含量正相关的原理，将谱图中的谱线强度换算成原子的相对含量、浓度。目前 X 射线光电子能谱的谱图分析一般使用原子灵敏度因子法，即指定图谱峰中的面积作为峰强度，对于待测定元素的特定轨道的峰强度（I_{ij}），可以用以下公式来表示：

$$I_{ij} = K \cdot T(E) \cdot \alpha_{ij}(r) \cdot \delta_{ij} \cdot n_i \cdot Z(E) \cdot \cos\theta \qquad (2.3)$$

$$n_i = I_{ij} / [K \cdot T(E) \cdot \alpha_{ij}(r) \cdot \delta_{ij} \cdot n_i \cdot Z(E) \cdot \cos\theta] \qquad (2.4)$$
$$= I_{ij}/S_{ij}$$

式中，K 为光电子能谱仪器常数，$T(E)$ 代表测试仪器中分析器的传输函数，$\alpha_{ij}(r)$ 是测定元素 i 的特定轨道 j 的角不对称因子，δ_{ij} 是测定元素 i 的特定轨道 j 的光电离截面，n_i 是测定元素 i 的浓度，$Z(E)$ 是 X 射线光电子的非弹性平均自由程，θ 是 X 射线与表面法线的夹角，S_{ij} 为原子灵敏度因子。

　　这样，如果已知待测定样品中的特定元素 x,y 的灵敏度因子分别为 S_x,S_y，就可以根据各自的特定谱线强度 I_x 和 I_y 来计算出它们的原子浓度之比。X 射线光电子能谱测试采用的是美国 Thermo Fisher Scientific Inc 公司的 ESCALAB 250Xi 型号的 X 光电子能谱仪，以 Mg 靶为单色光源（K_α 为 1253.6 eV），其中以结合能在 284.6 eV 左右的图谱峰为 C 1s 主峰的谱图分析参考，采用 XPS Peak 软件(4.1 版)来拟合 XPS 图谱并进行分析。

2.2 脱硫性能评价

2.2.1 热重法

　　热重法是将少量的脱硫材料放入热重的石英坩埚中，然后通入模拟实际的混合尾气，并记录由于基于二氧化锰的材料与氧化硫发生化学反应所引起的重量变化过程，通过对记录重量变化的数据曲线进行分析来得到基于二氧化锰的材料的脱硫性能与反应机理。图 2.1 是一个典型热重的分析装置的示意图。一套热重装置由电子天平、气罐、质量流量控制器(Mass Flow Controller, MFC)、进气口、出气口、加热装置和样品室所组成。

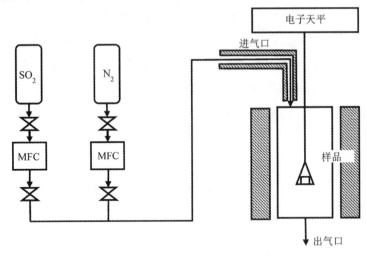

图 2.1　热重分析装置示意图

图 2.2 是实验中所使用的热重分析装置的实物图。混合气体(二氧化硫和氮气)经数字式质量流量控制器(由北京七星华创电子股份有限公司生产的 D07 型系列的质量流量控制器与 D08－1F 型流量显示仪)得到实际二氧化硫的浓度。该混合气经进气口进入直径为 35 mm 的不锈钢反应管内,不锈钢管的外侧置有一个加热装置来加热混合气体至目标温度。加热装置中的加热炉为山东省龙口市先科仪器有限公司生产的开启管式电阻炉,温度控制器为厦门宇电自动化科技有限公司生产的 AI－708P 型号的高性能人工智能温度控制器。重量的变化由日本 A&D 公司生产的 HR－150AZ 型号的电子分析天平来测量,并通过 RS－232 串口连接至外部计算机,使用 WinCT 软件来记录数据。

图 2.2　热重分析装置实物图

2.2.2　容量法

　　容量法是研究样品吸附过程动力学常用的测试方法,可通过容量法来获得材料的脱硫吸附量,并研究脱硫反应机理。容量法的原理是在低压条件下以理想气体状态方程为基础,通过记录反应器内压力的变化来研究材料的脱硫性能。

　　容量法通常分为定压容量法和定容容量法两种。定压容量法即保持测试压力不变,通过记录实验过程中体积的变化,从而获得材料的性能数据。定容容量法即固定实验装置的容积不变,通过记录实验过程中压力的变化,使用气体状态方程来求取材料的吸附性能数据。本实验中所采用的容量法为定容容量法,即固定体积不变,通过测量压力的变化来获得材料的脱硫性能。图 2.3 为容量法装置示意图,容量法装置主要包括恒温室、储气罐、样品室、SO_2 报警装置、温度控制系统和压力监测系统等。

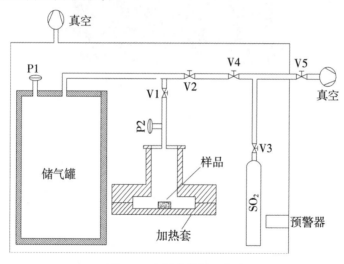

图 2.3　容量法装置示意图

　　图 2.4 是实验中所使用的热重装置的实物图。恒温室采用广州市大祥电子机械设备有限公司生产的 101－4S 双门数显定时恒温鼓风干燥箱。储气罐(Tank)是由 316 不锈钢焊接而成的圆柱体(直径为 500 mm,厚度为 3 mm,高度为 850 mm,并带有两个法兰接口)。压力计分别采用电阻硅真空计(P1)和高精度的薄膜真空计(P2)。电阻硅真空计是由成都睿宝电子科技有限公司生产的 ZDZ－52T$_{v01}$ 型号的产品,其量程为 100 kPa。薄膜真空计是由日本 ULVAC 公

司生产的 CCMT－1D 型号的产品。其中薄膜真空计的精度较高,用来测量实验过程中的压力变化。温度控制系统采用天津洲宇机电设备科技有限公司生产的温控箱。数据采集系统采用 Agilent Technologies 公司生产的 34972A 型号的数据采集器,主机搭配型号为 34901A 的 20 通道复用器联合使用,并通过电脑上的控制软件来自动测量、记录并存储实验数据。容量法实验过程中系统内部压力远远小于外界的大气压力,在开展实验之前需要对系统装置进行气密性检查,并保证整个系统有良好的气密性后方可进行实验。

图 2.4　容量法装置实物图

进行脱硫吸附量计算时,需要先测定出吸附装置内部的体积,用吸附装置的内部体积减去吸附剂本身所占的体积,剩余的体积称为死体积。死体积包括气罐、样品室和与之连接的部分管路的体积,通常采用不可吸附的气体进行测量。首先打开所有真空阀门使所有部件的压力均为一个大气压;然后关闭真空阀 V1,对整个系统抽真空(采用椒江宏兴真空设备厂型号为 2XZ 的旋片式真空油泵,抽速为 0.5 L/s,极限真空度为 6.7×10^{-2} Pa),电阻硅真空计(P1)的读数接近真空状态条件下后关闭两个真空阀 V4,待系统压力稳定后记录此时的压力 P_1;最后打开真空阀 V1,待系统压力稳定后记录此时的压力 P_2,根据玻义耳定律,理想气体的压力与体积成反比,建立方程并求解,通过计算,本实验中容量法装置的死体积为 165.825 L。

第3章　高比表面积二氧化锰脱硫性能

柴油机尾气排放的二氧化硫(SO_2)是大气的主要污染物之一(Mathieu et al. ,2013a;Mathieu et al. ,2013b;Sun et al. ,2013;Liu et al. ,2012;Sumathi et al. ,2010)。此外,柴油机尾气中的 SO_2 会毒害脱除氮氧化合物的催化剂,尤其是氮氧化合物储存还原催化剂。有文献报道,SO_2 会严重降低氮氧化合物储存还原催化剂的反应性能,其原因是硫酸盐的热力学稳定性强于硝酸盐(Sedlmair et al. ,2002;Lietti et al. ,2001;Mahzoul et al. ,2000)。传统降低柴油机尾气中 SO_2 含量的方法是对原料油加氢处理来提高油品的质量。然而,由于受加氢脱硫技术的限制,柴油中的硫含量依然很高,因此还需要寻找一些合适的避免脱除氮氧化合物受氧化硫毒害的方法。

目前,一种放置于脱除氮氧化合物催化剂之前的紧凑型脱硫捕集器被提出,以提升柴油机尾气系统中脱除氮氧化合物催化剂的抗硫性能与反应活性(Centi et al. ,2007;Dathe et al. ,2005)。一辆柴油发动机车一年行驶三万千米会释放 160 g 的 SO_2(使用 10 ppm 的柴油)。然而,传统的脱硫材料比如煅烧石灰岩 (Borgwardt,1970)、MgO(Sohn et al. ,2002)以及类水滑石化合物(Cantu et al. ,2005;Zhao et al. ,2011)的脱硫性能较低,以至于无法应用于紧凑型脱硫捕集器中。因此,需要开发新型高效的脱硫材料。随着柴油机技术的不断发展,柴油发动机尾气的最高温度不断降低,下一代发动机的尾气温度范围将变为 200℃~500℃。然而,关于脱硫材料在这一温度区间的脱硫性能的文献报道很少。Kasaoka 等(1982)考察了 350℃条件下基于 CuO 复合材料的脱硫性能。Tseng 等(2004)考察了 200℃~450℃这一温度区间下 CuO/AC 复合材料的脱硫性能。Rubio 等(2010)研究了碳基粉煤灰复合材料在 100℃条件下的脱硫性能。Nishioka 等(2010)考察了贵金属催化剂复合材料的低温脱硫性能,其制备的贵金属催化剂材料在 250℃条件下的脱硫量为 18 g/2 L 催化剂。Kylhammar

等(2008)研究了基于氧化铈的复合材料的 SO_2 捕获性能,新鲜的氧化铈复合材料在 250℃条件下的脱硫量大约为 19 mg_{SO_2}/g_{CeO_2}。综合上述研究发现,目前所研究的脱硫材料在 200℃~450℃这一温度区间下的脱硫性能仍不高。

此前的研究发现,碳酸钙材料在 650℃条件下有良好的脱硫性能,然而在温度低于 450℃条件下由于受碳酸盐分解速率的影响,碳酸钙的脱硫速率显著降低。脱硫材料的物理性质(如粒径、孔径分布以及比表面积等)对于 SO_2 的捕获性能有很大的影响(Rubio et al.,1998;Karatepe et al.,2008;Ma et al.,2008)。具有高比表面积及简单脱硫反应机理($MnO_2 + SO_2 \longrightarrow MnSO_4$)的二氧化锰具有很好的脱硫性能(Osaka et al.,2014)。

本章使用热重装置考察了高比表面积二氧化锰基本的脱硫性能,分析了比表面积对其脱硫性能的影响。此外,还采用了颗粒模型来确定脱硫反应的速率常数,最后考察了二氧化锰的再生性能。

3.1 实验

3.1.1 实验材料

高比表面积的二氧化锰(HSSA MnO_2)材料从日本 Material and Chemical 公司购买得到。在本章中,二氧化锰的比表面积为 155 m^2/g,200 m^2/g,257 m^2/g 和 300 m^2/g。商业二氧化锰(比表面积 20 m^2/g,国药集团化学试剂有限公司)被用作参比。

本章实验分析了材料的比表面积、孔径分布和表面结构,来评价样品的物理性质。比表面积采用 Brunauer－Emmett－Teller(BET)方法,并在 77 K 氮气氛围下使用电容测量法来进行测量。孔径使用 Barrett－Joyner－Halenda (BJH)及氮气物理吸附方法在相对压力为 0.1~1.0 的条件下测量得到。实验中所使用的氮吸附比表面测试设备为美国 Micromeritics 公司生产的 ASAP2010 型号的氮吸附比表面测试仪。材料表面结构的观察所使用的测试设备为日本 Hitachi 公司生产的 S－4800 型号的扫描电子显微镜。热分析测试设备采用德国林赛斯公司生产的 HDSC PT500LT/1600 型号的低温、高温差示扫描量热仪。晶相分析测试设备为荷兰 Panalytical 分析仪器公司生产的 X'Pert

Pro MPD 型号的 X 射线衍射分析仪。颗粒粒径测试设备为马尔文仪器公司生产的 nano ZS&Mastersizer 型号的激光粒度仪。

图 3.1 为高比表面积二氧化锰的孔径分布图。从图 3.1 可以看出,当二氧化锰的比表面积为 155 m^2/g,200 m^2/g 和 257 m^2/g 时,二氧化锰的孔道中大孔很少,主要为介孔;而当二氧化锰的比表面积为 300 m^2/g 时,二氧化锰的孔道中有较多的大孔,但仍以介孔为主。从孔径分布图中可以看出,二氧化锰的孔径主要集中于 40 Å~100 Å 的介孔。

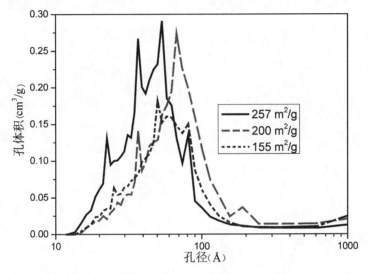

图 3.1　高比表面积二氧化锰的孔径分布图

表 3.1 为所测试二氧化锰的比表面积和平均粒径,其中"A""B""C""D"分别对应比表面积为 155 m^2/g,200 m^2/g,257 m^2/g 和 300 m^2/g 的二氧化锰。其中比表面积为 200 m^2/g 的二氧化锰的平均粒径最小,其值为 0.76 μm;而比表面积为 300 m^2/g 的二氧化锰的平均粒径最大,其值为 2.51 μm。

表 3.1　二氧化锰样品的物理性质

样品	A	B	C	D
比表面积(m^2/g)	155	200	257	300
平均粒径(μm)	0.85	0.76	1.62	2.51

图 3.2 为高比表面积的扫描电子显微镜图片。图中"A""B""C""D""E""F"是不同放大倍数的二氧化锰扫描电镜图片,从图中可以看出,生成的二氧化锰由

粒径大小不等的光滑实心圆球的小颗粒组成,其中小颗粒的粒径大多集中在 1 μm左右。

图 3.2　高比表面积二氧化锰的扫描电子显微镜图片

3.1.2　实验方法

在本实验中,热重装置被用来测量高比表面积二氧化锰的脱硫性能。实验装置如图 2.1 所示。脱硫性能测试的主要步骤如下:

首先称量 50 mg 的高比表面积二氧化锰,并置于热重装置中的石英小坩埚中;设定温度控制程序,使反应器的温度以 10 K/min 的升温速率升高至目标温度(本实验的反应温度区间为 100℃～600℃),在升温过程中用氮气吹扫直至达到目标温度并恒温 2 h 以确保天平读数稳定不变;天平读数基本不变后通入 500 ppm 的 SO_2 气体(氮气为基本气体),反应气体的流量为 2 L/min,其流量用质量流量计来控制。

通过以上试验方法可以测量二氧化锰捕获 SO_2 的性能。单位质量的 SO_2 捕获性能 P 和样品的转化率 $X_{(t)}$ 可用下列方程式来表示:

$$P = \frac{s_t - s_0}{s_0} \left[g_{SO_2} / g_{MnO_2} \right] \qquad (3.1)$$

$$X_{(t)} = \frac{M_{MnO_2}}{M_{SO_2}} \cdot \frac{s_t - s_0}{s_0} \left[g_{SO_2} / g_{MnO_2} \right] \qquad (3.2)$$

式中,P 是单位质量二氧化锰的脱硫性能,其单位为 g_{SO_2} / g_{MnO_2};s_0 是实验样品的初始质量,单位为 mg;s_t 是实验样品在一定反应时间 t 后的质量,其单位为 mg;M_{MnO_2} 是二氧化锰的摩尔质量,其单位为 g/mol;M_{SO_2} 是二氧化硫的摩尔质量,其单位为 g/mol。

3.2　实验结果与讨论

3.2.1　温度对二氧化锰脱硫性能的影响

图 3.3 是不同反应温度下高比表面积二氧化锰的脱硫性能,四种反应温度分别为 200℃,300℃,400℃和 450℃,SO_2 的反应浓度为 500 ppm,气体流量为 2 L/min。从图 3.3 可以明显地看出,高比表面积二氧化锰的脱硫性能随着温度的升高而升高;在本实验的反应温度区间下,当反应温度为 450℃时,高比表面积二氧化锰具有最好的 SO_2 捕获性能,其吸附 2 h 后可以捕获 0.34 g_{SO_2} / g_{MnO_2},捕获速率为 0.17 $g_{SO_2} / (g_{MnO_2} \cdot h)$,捕获效率为 99.4%;当反应温度为 200℃时,高比表面积二氧化锰的 SO_2 捕获性能降低为反应温度 450℃时的捕获性能的 40%,其吸附 2 h 后可以捕获 0.15 g_{SO_2} / g_{MnO_2},捕获速率为 0.075 $g_{SO_2} / (g_{MnO_2} \cdot h)$。总的来说,高比表面积二氧化锰在宽温度区间 200℃~450℃下有着良好的 SO_2 捕获性能。

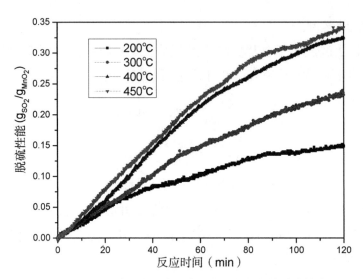

图 3.3　不同反应温度下高比表面积二氧化锰的脱硫性能

3.2.2　比表面积对二氧化锰脱硫性能的影响

本实验考察了不同 BET 表面积时 HSSA MnO_2 对 SO_2 捕获性能的影响,反应温度为 200℃,SO_2 浓度为 200 ppm。HSSA MnO_2 的比表面积为 155 m^2/g,200 m^2/g,257 m^2/g 和 300 m^2/g,并用比表面积为 20 m^2/g 的商业 MnO_2 作对比,如图 3.4 所示。从图 3.4 可以明显地看出,高比表面积二氧化锰的脱硫性能优于商业二氧化锰;从图 3.4 还可以看出,HSSA MnO_2 的 SO_2 捕获性能随着比表面积的增大而增大。在本实验条件下,比表面积为 300 m^2/g 的二氧化锰具有最好的脱硫性能,其 SO_2 的捕获量为 0.16 g_{SO_2}/g_{MnO2},捕获速率为 1.3 $mg_{SO_2}/(g_{MnO2} \cdot min)$。脱硫材料的物理性质,如表面积、孔径分布等对 SO_2 的捕获性能有很大的影响(Jiang et al. ,2012)。二氧化锰的比表面积越大,SO_2 的接触面就越大,因此可以采用提高二氧化锰材料的比表面积来提升二氧化锰捕获 SO_2 的性能。

由于 300 m^2/g 的 HSSA MnO_2 具有良好的脱硫性能,本书选择 300 m^2/g 的 HSSA MnO_2 为脱硫材料来考察其在反应温度为 100℃,150℃,200℃和 300℃条件下的 SO_2 捕获性能,实验结果见表 3.2。从表 3.2 可以看出,在反应温度为 300℃和 100℃的条件下,吸附 SO_2 2 h 后的脱硫性能分别为 0.20 g_{SO_2}/g_{MnO2} 和

0.04 g_{SO_2}/g_{MnO_2}。在此温度条件下,与碱金属氧化物(如碱性氧化铝、氧化钙、氧化镁和氧化铈)(Lo et al.,2010)以及 Rubio 等(2010)报道的粉煤灰(13 mg/g)、Izquierdo 和 Rubio(2008)报道的活性炭材料(1.7 mg/g)相比,HSSA MnO_2 在低温 100℃～300℃区间具有优良的脱硫性能。

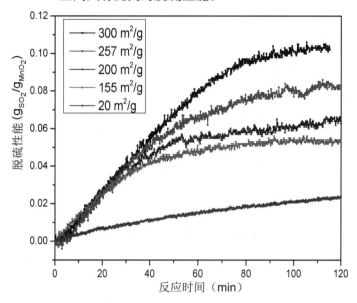

图 3.4　不同 BET 表面积时 HSSA MnO_2 对 SO_2 捕获性能的影响(200℃)

表 3.2　HSSA MnO_2 在反应温度为 100℃,150℃,200℃和 300℃时的 SO_2 捕获性能

BET 表面积	100℃	150℃	200℃	300℃
300(m^2/g)	0.04	0.11	0.16	0.20

3.2.3　二氧化硫浓度对二氧化锰脱硫性能的影响

表 3.3 所示为 HSSA MnO_2(155 m^2/g,200 m^2/g,257 m^2/g,300 m^2/g)在 100 ppm SO_2 浓度(氮气为载气)下反应 2 h 后的实验结果,反应温度为 200℃,300℃和 400℃。从表 3.3 可以看出,高比表面积二氧化锰的脱硫性能随着温度的升高而升高;在相同温度下,高比表面积二氧化锰的脱硫性能随着比表面积的增大而升高;当反应温度为 200℃时,155 m^2/g 二氧化锰的脱硫性能有最小值 0.0404 g_{SO_2}/g_{MnO_2},而当反应温度为 400℃时,300 m^2/g 二氧化锰的脱硫性能有最大值 0.2667 g_{SO_2}/g_{MnO_2}。

表 3.3　HSSA MnO₂ 在 100 ppm SO₂ 浓度(氮气为载气)下反应 2 h 后的吸附量

MnO₂ 比表面积(m²/g)	200℃	300℃	400℃
155	0.0404	0.0537	0.1326
200	0.0415	0.1250	0.1553
257	0.0673	0.1269	0.1690
300	0.0828	0.1633	0.2667

表 3.4 所示为 HSSA MnO₂ (155 m²/g,200 m²/g,257 m²/g 和 300 m²/g)在 200 ppm SO₂ 浓度下反应 2 h 后(反应温度为 200℃,300℃ 和 400℃,氮气为载气)的实验结果。从表 3.4 中同样可以看出,高比表面积二氧化锰的脱硫性能随着温度的升高而升高;在相同温度下,二氧化锰的脱硫性能随着比表面积的增大而增大;当反应温度为 200℃ 时,155 m²/g 二氧化锰的脱硫性能有最小值 0.0595 g_{SO_2}/g_{MnO_2},而当反应温度为 400℃ 时,300 m²/g 二氧化锰的脱硫性能有最大值 0.2756 g_{SO_2}/g_{MnO_2}。

表 3.4　HSSA MnO₂ 在 200 ppm SO₂ 浓度(氮气为载气)下反应 2 h 后的吸附量

MnO₂ 比表面积(m²/g)	200℃	300℃	400℃
155	0.0595	0.1431	0.1519
200	0.0610	0.1437	0.1595
257	0.0866	0.2055	0.2103
300	0.0974	0.2063	0.2756

表 3.5 所示为 HSSA MnO₂ 在 500 ppm SO₂ 浓度下反应 2 h 后的实验结果,其反应温度为 200℃,300℃ 和 400℃,氮气为载气。从表 3.5 中同样可以得出以上结论,高比表面积二氧化锰的脱硫性能随着温度的升高而升高;在一定温度下,二氧化锰的脱硫性能随着比表面积的增大而增大;当反应温度为 200℃ 时,155 m²/g 二氧化锰的脱硫性能有最小值 0.1070 g_{SO_2}/g_{MnO_2},而当反应温度为 400℃ 时,300 m²/g 二氧化锰的脱硫性能有最大值 0.3983 g_{SO_2}/g_{MnO_2}。

表 3.5　HSSA MnO₂ 在 500 ppm SO₂ 浓度(氮气为载气)下反应 2 h 后的吸附量

MnO₂ 比表面积(m²/g)	200℃	300℃	400℃
155	0.1070	0.1727	0.2525
200	0.1287	0.1845	0.2788
257	0.1388	0.1911	0.3254
300	0.1623	0.2019	0.3983

综合表 3.3、表 3.4 和表 3.5 中的数据可以得出如下结论：SO_2 浓度、反应温度和比表面积对 HSSA MnO_2 的脱硫性能有很大的影响。HSSA MnO_2 捕获 SO_2 的性能随着 SO_2 浓度、温度以及比表面积的增大而升高。在实验温度为 200℃、300℃ 和 400℃ 的条件下，300 m^2/g 的 HSSA MnO_2 在反应温度为 400℃，SO_2 反应浓度为 500 ppm 的条件下具有最好的脱硫性能，其反应 2 h 后的 SO_2 捕获量大约为 0.40 g_{SO_2}/g_{MnO_2}；155 m^2/g 的 HSSA MnO_2 在反应温度为 200℃，SO_2 的反应浓度为 100 ppm 的条件下具有最低的脱硫性能，其反应 2 h 后的 SO_2 捕获量大约为 0.04 g_{SO_2}/g_{MnO_2}。

3.2.4　反应温度对二氧化锰脱硫转化率的影响

为了研究反应温度对 HSSA MnO_2 脱硫反应转化率的影响，使用热重装置对二氧化锰在反应温度 100℃，150℃，200℃，300℃，400℃，450℃，500℃，600℃ 以及二氧化硫浓度为 500 ppm 的条件下进行了脱硫性能测试。在反应过程中，反应气体的流量控制在 2 L/min 并且恒定不变。图 3.5 是高比表面积二氧化锰在二氧化硫反应浓度为 500 ppm、不同反应温度下的脱硫性能曲线。从图 3.5 可以看出，当温度低于 450℃ 时，高比表面积二氧化锰的脱硫性能随着温度的升高而升高，而当温度高于 450℃ 时，其脱硫性能稍有降低，二氧化锰在 450℃ 时有最好的脱硫性能。

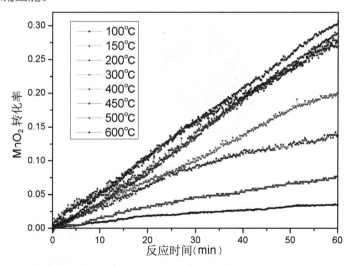

图 3.5　高比表面积二氧化锰在不同温度下的脱硫性能，500 ppm SO_2（N_2 气氛）

二氧化锰与二氧化硫的气固化学反应是一个简单的脱硫反应过程,其反应方程式为 $MnO_2 + SO_2 \longrightarrow MnSO_4$。颗粒模型可用于解释多孔固体与气体之间的非催化反应过程(Ishida and Wen,1971)。基于图 3.1 和图 3.2 的结果可以看出,高比表面积二氧化锰具有丰富的孔道并由光滑圆球状的小颗粒组成,因此二氧化硫与二氧化锰的反应机理适用于颗粒模型,如图 3.6 所示。颗粒模型认为每一个光滑圆球的二氧化锰颗粒与二氧化硫发生反应生成的产物硫酸锰($MnSO_4$)包裹在未反应中心核的二氧化锰的表面。Wen 和 Ishida(1973)介绍了颗粒模型的控制方程:

$$-\frac{\partial C_S}{\partial t} = [k_s{}' C_{S_0}{}' C_{A_c}](1-\varepsilon_0)\Big[\frac{4\pi r_c{}'^2}{4\pi R^3/3}\Big] \tag{3.3}$$

$$X = 1 - \Big(\frac{r_c{}'}{R}\Big)^3 \tag{3.4}$$

式中,C_S 是颗粒中固体反应物的浓度,$k_s{}'$ 是基于表面积的反应速率常数,$C_{S_0}{}'$ 是固体反应物的初始浓度,C_{A_c} 是未反应的固体颗粒表面的气体的浓度,ε_0 是固体的孔隙率,$r_c{}'$ 是球形颗粒的未反应核的直径,R 是球形颗粒的直径,X 是固体反应物的转化率。

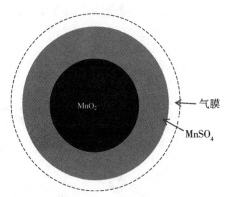

图 3.6　颗粒模型

本节采用斜率法来确定不同反应温度下的颗粒模型的脱硫反应速率常数。在反应过程中,持续通入 2 L/min 的气体流量来保持反应器中反应气体二氧化硫的浓度恒定不变。就初始反应阶段来说,可以理所应当地假设在球形颗粒中未反应固体中心核的表面反应是整个反应的控制步骤,并且 C_{A_c} 与反应气体中二氧化硫的浓度(C_A)相等。将方程式(3.3)和(3.4)变形得到方程式(3.5)。通过求取式(3.5)的斜率可以估算出脱硫反应速率常数。

$$\frac{dX}{dt} = \frac{3k_s(1-\varepsilon_0)C_A}{C_{S_0}R}(1-X)^{\frac{2}{3}} \tag{3.5}$$

图 3.7 是温度对脱硫反应常数的影响曲线,其中二氧化硫的浓度为 500 ppm。从图 3.7 的结果可以看出,脱硫反应速率常数的斜率随着反应温度的升高而降低,在 500℃下急剧下降。

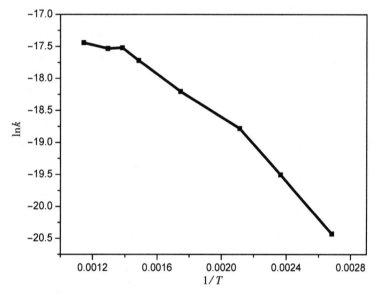

图 3.7　HSSA MnO₂ 脱硫速率的 Arrhenius 曲线

　脱硫反应速率一般受 4 个反应步骤控制:①反应气体到达固体表面的外扩散;②反应气体在固体表面发生化学反应;③反应气体在固体产物中的体相扩散;④反应气体在固体孔内的扩散。由于本实验的气体流速高达 2000 mL/min,外扩散对反应的影响可以忽略。从材料的孔径分布可以看出,二氧化锰有着相对较大的孔径,为 20~100 Å,而二氧化硫的分子直径仅为 1.4 Å,二氧化硫分子可以很容易地通过二氧化锰颗粒内部的孔道并扩散至固体反应物的表面,因此内扩散对本反应的影响也可以忽略不计。固相扩散和表面反应是脱硫反应的控制步骤。在低温区间 100℃~300℃条件下,二氧化锰的脱硫速率受表面化学反应控制。在中温区间,随着脱硫反应的进行,多孔固体与气体的脱硫反应区域将变得越来越狭窄。因此,在温度大于300℃的中温条件下,表面反应速率和扩散速率将处于同一个数量级,因此导致脱硫反应速率常数的降低。

图3.8为MnO_2的TG-DSC曲线图。从图3.8中可以看出,在温度区间为200℃~450℃的条件下,二氧化锰的重量缓慢下降;当温度大约500℃左右时,二氧化锰出现了明显的失重。当温度低于200℃时,二氧化锰的失重是由于水分的蒸发而引起的;当温度在200℃~450℃这一区间时,二氧化锰的失重是由结合水与氧的失去而引起的;二氧化锰在500℃左右时的明显失重主要是由MnO_2失氧变成Mn_2O_3(Tsang et al.,1998),而Mn_2O_3的脱硫性能较低。图3.9是高比表面积二氧化锰在400℃,450℃,500℃和600℃下焙烧后的XRD谱图。从图3.9中可以看出,随着焙烧温度的升高,二氧化锰的衍射峰变弱。当焙烧温度为500℃时,二氧化锰的XRD衍射图中出现了Mn_2O_3的衍射峰;而当焙烧温度为600℃时,XRD衍射图中只出现了Mn_2O_3的衍射峰,无MnO_2的衍射峰,这说明高温焙烧后四价的锰离子(Mn^{4+})转变为三价的锰离子(Mn^{3+})。因此,可以认为二氧化锰在500℃左右时脱硫反应速率常数突然下降是由于四价的锰离子(Mn^{4+})转变为了三价的锰离子(Mn^{3+})所引起的。

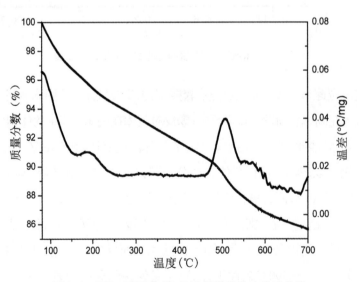

图3.8 TG-DSC曲线:差示扫描量热法热重曲线

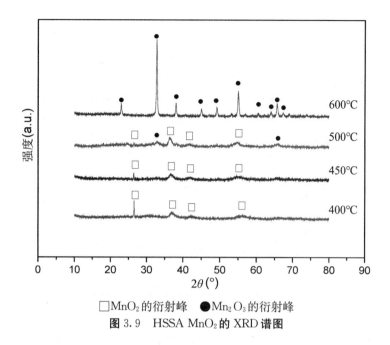

□MnO₂ 的衍射峰　●Mn₂O₃ 的衍射峰

图 3.9　HSSA MnO₂ 的 XRD 谱图

此外,本节还通过 Arrhenius 方程求取了低温区间下二氧化锰与二氧化硫反应的活化能,其数值为 24.1 kJ/mol。与 Tikhomirov 等(2006)报道的氧化锰的脱硫反应活化能的数值(33.5 kJ/mol)以及 Watkins 等(2005)报道的氧化钡的脱硫反应活化能的数值(48.6 kJ/mol)相比,我们可以断定高比表面积二氧化锰(HSSA MnO₂)具有高效捕获二氧化硫的能力。

然而,由于脱硫材料二氧化锰将以涂覆的方法附着在载体上才能应用于柴油机尾气系统中(Osaka et al.,2015),其扩散的影响将难以忽略,因此上述以表面反应为控制步骤的颗粒模型可能无法满足实际应用情况,而改进的颗粒模型(考虑扩散影响)可能会适用于实际中二氧化锰的脱硫机理。

3.2.5　高温再生对二氧化锰脱硫性能的影响

本章节还考察了高比表面积二氧化锰的再生性能。HSSA MnO₂ 的再生条件为高温 650℃下焙烧 3 h。图 3.10 是新鲜 HSSA MnO₂ 与再生后的 HSSA MnO₂ 的脱硫性能比较图。高比表面积二氧化锰再生性能的考察温度为 450℃。从图 3.10 可以看出,经过高温再生后的二氧化锰依然可以捕获少量的二氧化硫,因此说明二氧化锰是可再生的。然而,再生后的二氧化锰的二氧化硫捕获量由最初的 0.45 g_{SO_2}/g_{MnO_2} 急剧降低为 0.06 g_{SO_2}/g_{MnO_2}。高温再生后二氧化锰的脱硫性能的急剧降低说明了大部分的二氧化锰是不可再生的。

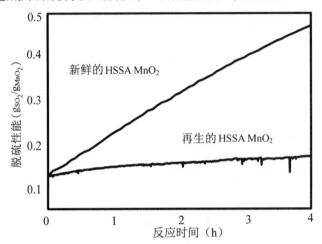

图 3.10　反应温度 450℃时,新鲜 HSSA MnO₂ 与再生后的 HSSA MnO₂ 的脱硫性能比较图

图 3.11 是新鲜二氧化锰、反应后的二氧化锰与再生后的二氧化锰的微观扫描电子显微镜图片。新鲜的高比表面积二氧化锰是由一系列粒径为 1.0 μm 左右的球形颗粒组成,如图 3.11(a)所示。图 3.11(b)是在 450℃下反应后的高比表面积二氧化锰的微观结构图,从图中可以看出,二氧化锰在反应后由最初的光滑圆球表面转变为了另一种微观结构,这是由于二氧化锰与二氧化硫发生了化学反应生成了硫酸锰,而不是表面物理吸附反应。HSSA MnO₂ 在高温 650℃下再生后球形结构遭到了破坏并且发生了烧结现象,如图 3.11(c)所示。高温再生后,HSSA MnO₂ 的脱硫性能的急剧降低可以归因为高温条件破坏了高比表面积二氧化锰的物理结构(如比表面积的降低和孔道的坍塌)。二氧化锰反应后的产物硫酸锰是工农业中重要的原材料并且需求量很大,因此这种 HSSA MnO₂ 可以用于一种可丢弃的脱硫捕集器中的脱硫材料。

（a）新鲜状态

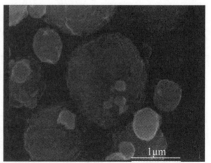
（b）450℃反应后的状态

(c)650℃再生后的状态

图 3.11 HSSA MnO$_2$ 的微观扫描电子显微镜图片

3.3 本章小结

通过 SEM、氮气吸附法、XRD 等表征手段分析了二氧化锰的比表面积、孔径分布和表面结构来评价样品的物理性质,并使用热重装置测试了不同比表面积的二氧化锰的二氧化硫捕获性能,结果表明:

(1)高比表面积二氧化锰在宽温度区间 200℃～450℃下有着良好的二氧化硫捕获性能。在 200℃和 450℃条件下反应 2 h 后,高比表面积二氧化锰的二氧化硫捕获量分别为 0.15 g$_{SO_2}$/g$_{MnO_2}$ 和 0.34 g$_{SO_2}$/g$_{MnO_2}$。

(2)二氧化硫浓度、反应温度和比表面积对 HSSA MnO$_2$ 的脱硫性能有很大的影响。HSSA MnO$_2$ 的二氧化硫捕获性能随着比表面积的增大而增大;在 200℃条件下,比表面积为 300 m^2/g 的二氧化锰的二氧化硫捕获量为 0.16 g$_{SO_2}$/g$_{MnO_2}$,捕获速率为 1.3 mg$_{SO_2}$/(g$_{MnO_2}$ · min)。

(3)二氧化硫与二氧化锰的反应机理适用于颗粒模型。HSSA MnO_2 的脱硫反应速率常数的斜率随着反应温度的升高而降低,由于在 500℃下四价的锰离子(Mn^{4+})转变为了三价的锰离子(Mn^{3+}),HSSA MnO_2 的脱硫反应速率常数在 500℃下突然降低。

(4)虽然高温再生后 HSSA MnO_2 的物理结构遭到了破坏,导致其脱硫性能急剧降低,但是二氧化锰反应后的产物硫酸锰是工农业中需求量很大的重要原材料,因此可以将 HSSA MnO_2 用于一种可丢弃的脱硫捕集器中的脱硫材料。

第4章　二氧化锰复合金属氧化物脱硫性能

氮氧化合物(NO_x)和氧化硫(SO_x)作为柴油发动机尾气的主要有害排放物之一,对人体健康和环境有着极大的危害(Bai et al.,2016;Barpaga et al.,2016;Deng et al.,2015;Guo et al.,2015;Li et al.,2015;Kim et al.,2014)。应用于柴油机尾气系统中净化 NO_x 的技术主要有选择性催化还原技术(SCR)和贮存还原技术(NSR)两种;然而,这些净化 NO_x 的催化剂易受氧化硫的侵蚀而中毒。为避免氧化硫对净化 NO_x 催化剂的毒害作用,一种较好的解决方法是在净化 NO_x 催化剂之前置放一个小型干式脱硫捕集器来完全捕获柴油机尾气中的氧化硫。柴油车一年 SO_2 排放量大约为800 g(假设一年行驶 30000 km,使用硫含量为 50 ppm 的柴油)。脱硫材料作为柴油机脱硫捕集器的核心技术之一,材料的脱硫性能是制约其应用于脱硫捕集器的关键问题。

此前章节的研究发现,高比表面积二氧化锰具有良好的捕获二氧化硫的能力。复合金属氧化物具有多价态的金属中心以及金属协同作用,有望成为一种高效脱硫材料(Jiang et al.,2015;Jiang et al.,2014;Kang et al.,2013;Polato et al.,2010)。Rodas-Grapaín 等(2005)制备了$CuO-CeO_2$复合金属氧化物,并使用热重装置测试了其在室温到 760℃ 这一温度区间下的脱硫性能,实验发现 $CuO-CeO_2$ 复合金属氧化物具有良好的脱硫性能。Pereira 等(2010)采用浸渍法将 CeO_2 掺杂于类水滑石结构的复合金属氧化物中,制备出了 CeO_2 改性的复合金属氧化物,并考察了复合金属氧化物的二氧化硫捕获性能,实验发现与未经 CeO_2 改性的复合材料相比,经 CeO_2 改性的复合金属氧化物具有更好的脱硫性能。

为了进一步提升二氧化锰的脱硫性能,本章采用金属离子(铈、锂、钠和钾)对高比表面积二氧化锰材料进行改性,并采用浸渍法制备得到二氧化锰复合金属氧化物,最后考察其脱硫性能。

4.1 实验

4.1.1 材料制备

比表面积为 257 m^2/g 的二氧化锰材料是从日本 Material and Chemical Co. ,Ltd 公司购买得到。硝酸铈六水合物 $Ce(NO_3)_3 \cdot 6H_2O$、一水合氢氧化锂 $LiOH \cdot H_2O$、氢氧化钠 NaOH、氢氧化钾 KOH 和氯化锂 LiCl 均购买于国药集团化学试剂有限公司,分析纯。

(1)氯化锂改性。分别称量 1 g HSSA MnO_2 置于四个不同的烧杯中,配制 0.5 mol/L,1 mol/L,1.5 mol/L 和 2 mol/L 的氯化锂溶液,然后将配置的溶液分别倒入四个装有 1 g HSSA MnO_2 的烧杯中,在超声池中超声 10 min 后,放入鼓风干燥箱中在 120℃下干燥,使水完全蒸发后得到氯化锂改性的二氧化锰复合金属氧化物,其浸渍法制备流程如图 4.1 所示。

(2)碱金属离子改性。分别称量 1 g HSSA MnO_2 置于四个不同的烧杯中,然后称量 0.2415 g $LiOH \cdot H_2O$,0.2300 g NaOH,0.3220 g KOH 溶于去离子水后分别倒入三个装有 1 g HSSA MnO_2 的烧杯中,在超声池中超声 10 min 后,置于干燥箱中在 120℃下干燥,研磨后放在马弗炉中,450℃下焙烧 5 h 后制得碱金属改性的二氧化锰复合氧化物。

(3)锰铈双金属氧化物。称量 1 g HSSA MnO_2 置于三个不同的烧杯中,采用浸渍法制得不同摩尔比的锰铈双金属氧化物,Mn95Ce5(Mn∶Ce=95∶5,下同)、Mn90Ce10、Mn50Ce50。放入鼓风干燥箱中在 120℃下干燥,使水完全蒸发后制得锰铈双金属氧化物。

图 4.1　浸渍法流程示意图

4.1.2 材料表征

比表面积采用 Brunauer－Emmett－Teller (BET)方法,并在 77 K 氮气氛

围下使用电容测量法来进行测量。孔径使用 Barrett－Joyner－Halenda（BJH）及氮气物理吸附方法在相对压力为 0.1～1.0 的条件下测量得到。本书中所使用的氮吸附比表面测试设备为美国 Micromeritics 公司生产的 ASAP2010 型号的氮吸附比表面测试仪。材料表面结构的观察所使用的测试设备为日本 Hitachi 公司生产的 S－4800 型号的扫描电子显微镜。晶相分析的测试设备为荷兰 Panalytical 分析仪器公司生产的 X'Pert Pro MPD 型号的 X 射线衍射分析仪。

4.2　氯化锂改性的二氧化锰复合金属氧化物

实验中配制了四种不同浓度(0.5 mol/L,1 mol/L,1.5 mol/L 和 2 mol/L)的氯化锂溶液,并采用浸渍法制备出氯化锂改性的二氧化锰复合金属氧化物。表 4.1 是经不同浓度的氯化锂改性后的复合金属氧化物的物理性质,如比表面积与平均孔径。从表 4.1 中可以看出,经过氯化锂改性后的二氧化锰的平均孔径增大,而比表面积由 255 m²/g 降低为 33～45 m²/g。图 4.2 是经不同浓度的氯化锂改性后的二氧化锰的表面形貌,从图中可以看出,随着氯化锂浓度的不断增大,二氧化锰的表面沉积的氯化锂会越来越多,因此比表面积的降低可认为是由于浸渍的氯化锂堵塞了二氧化锰的孔道,使得改性后的二氧化锰的比表面积大大降低。图 4.3 为不同浓度的氯化锂(0 mol/L, 0.5 mol/L, 1.0 mol/L,1.5 mol/L,2.0 mol/L)改性的二氧化锰复合金属氧化物 XRD 谱图,从图中可以看出,经氯化锂改性后的二氧化锰的各个晶面的峰强度变强,说明经改性后的二氧化锰的结晶度更好。

表 4.1　氯化锂改性后的二氧化锰复合金属氧化物的物理性质

LiCl 浓度（mol/L）	比表面积（m²/g）	平均孔径（nm）
0	257	5.78
0.5	45	13.59
1.0	38	30.61
1.5	33	28.37
2.0	35	30.58

（a）0 mol/L　　　　　　　　（b）0.5 mol/L

（c）1.0 mol/L　　　　　　　　（d）1.5 mol/L

图 4.2　不同浓度的氯化锂改性后的二氧化锰 SEM 图片

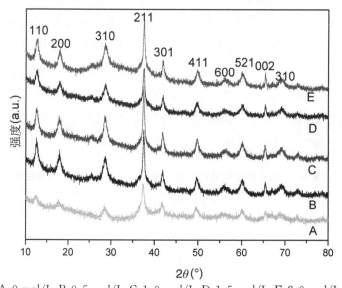

A：0 mol/L，B：0.5 mol/L，C：1.0 mol/L，D：1.5 mol/L，E：2.0 mol/L

图 4.3　不同浓度的氯化锂改性后的二氧化锰复合金属氧化物 XRD 谱图

4.3　碱金属改性的二氧化锰复合金属氧化物

称量 1 g HSSA MnO_2 并配制 LiOH、NaOH、KOH 的溶液,采用浸渍法将碱金属离子(锂、钠和钾)浸渍于二氧化锰中,将干燥后的固体研磨后放在马弗炉中,450℃下焙烧 5 h 后制备出碱金属改性的二氧化锰复合金属氧化物。

图 4.4 是经不同碱金属离子(锂、钠和钾)改性后的二氧化锰复合金属氧化物的 XRD 谱图。从图 4.4 中可以看出,经 LiOH、NaOH、KOH 溶液浸渍焙烧后所得的二氧化锰复合金属氧化物出现了新的晶体结构。经卡片对照发现,经过 LiOH 溶液浸渍焙烧后所得到的产物为 $LiMn_2O_4$,其对照卡片为 JCPDS 01－070－3120;而经 NaOH 和 KOH 溶液浸渍焙烧后所得到的产物分别为 $NaMnO_2$(其对照卡片为 JCPDS 01－073－0156)和 $KMnO_2$(其对照卡片为 JCPDS 00－018－1035)。

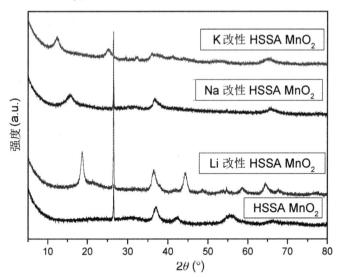

图 4.4　不同碱金属离子(锂、钠和钾)改性后的二氧化锰复合金属氧化物的 XRD 谱图

图 4.5 为锂、钠和钾改性的二氧化锰复合金属氧化物在反应 3 h 后的 SO_2 捕获量,脱硫性能测试条件如下:SO_2 的浓度为 500 ppm,气体总流量为 2 L/min,温度为 400℃。从图 4.5 中可以看出,在温度 400℃下反应 3 h 后,掺杂钠离子和钾离子的 MnO_2 复合金属氧化物的脱硫量与未掺杂的 MnO_2 脱硫容量相差不

大,略有升高;而掺杂锂离子的二氧化锰复合金属氧化物可以提高 MnO_2 脱硫量,在温度 400℃下反应 3 h 后的 SO_2 捕获量为 0.39 g_{SO_2}/g_{MnO_2} ,与未改性的二氧化锰的脱硫量相比提高了 18%。

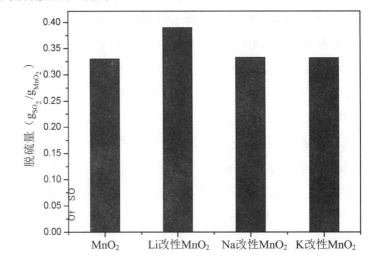

图 4.5 碱金属(锂、钠和钾)离子改性后的二氧化锰复合金属氧化物在 500 ppm SO_2 ,
400℃下反应 3 h 后的 SO_2 捕获量

4.4 铈改性的二氧化锰复合金属氧化物

4.4.1 锰铈摩尔比对复合金属氧化物微观结构的影响

采用浸渍法可制得不同摩尔比的锰铈双金属氧化物,Mn95Ce1(Mn∶Ce= 95∶1,下同)、Mn95Ce5、Mn90Ce10 和 Mn50Ce50。

使用热重装置对锰铈双金属氧化物进行脱硫性能评价。图 4.6 是浸渍法以不同锰铈摩尔比制备的锰铈双金属氧化物在 500 ppm SO_2 ,400℃条件下吸附 2 h 后的 SO_2 捕获量。从图 4.6 中可以发现,掺杂铈可以提升高比表面积二氧化锰的脱硫性能,随着铈掺杂量的增加,锰铈双金属氧化物的脱硫性能先升高后降低。在本实验条件下,Mn90Ce10 具有最好的脱硫性能,其在 SO_2 浓度为 500 ppm(氮气为基准气)的气氛下吸附 2 h 后,SO_2 捕获量高达 0.36 $g_{SO_2}/g_{material}$,与高比表面积 MnO_2 相比,脱硫量提高了 10% 左右。

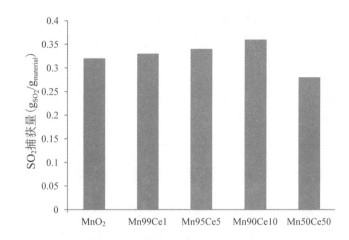

图 4.6　不同反应物摩尔比制备的锰铈双金属氧化物在 500 ppm SO_2，
400℃**条件下的** SO_2**捕获量**

图 4.7 是 Mn90Ce10 的 SEM 图片和 EDS 图片。从图中可以看出，经过浸渍法处理所得到的二氧化锰复合金属氧化物为锰铈双金属氧化物。

图 4.7　Mn90Ce10 的 SEM 图片(a)和 EDS 图片(b)

表 4.2 列出了所制备的锰铈双金属氧化物的比表面积、平均孔径和孔体积。从表 4.2 中可以看出，随着铈添加量的不断增加，二氧化锰比表面积不断减小，由 257 m^2/g 和 0.34 cm^3/g 分别降低为 81 和 0.13；平均孔径变化不大，在 6 nm 左右；比表面积不断减小，由 257 m^2/g 降低为 81 m^2/g；孔体积不断减小，由 0.34 cm^3/g 降低为 0.13 cm^3/g。

表 4.2 锰铈双金属氧化物的物理性质

样品	比表面积（m²/g）	平均孔径（nm）	孔体积（cm³/g）
MnO₂	257	5.78	0.34
Mn99Ce1	218	5.84	0.32
Mn95Ce5	203	5.90	0.30
Mn90Ce10	185	5.65	0.26
Mn50Ce50	81	6.45	0.13

4.4.2 温度对锰铈双金属氧化物微观结构的影响

由于目前柴油机尾气的最高温度会达到 600℃ 左右,因此有必要考察高温对于材料的微观结构的影响。本节采用浸渍法制备得到锰铈双金属氧化物 Mn90Ce10 和 Mn50Ce50,并考察了其在高温 450℃、550℃ 和 650℃ 下的微观结构的变化情况。

表 4.3 是高温 450℃、550℃ 和 650℃ 焙烧的锰铈双金属氧化物 Mn90Ce10 和 Mn50Ce50 的比表面积及平均孔径。从表 4.3 中的数据可以看出,随着焙烧温度的不断升高,锰铈双金属氧化物的比表面积急剧下降;而平均孔径无明显的规律性,这可能是由于高温破坏了锰铈双金属氧化物的孔道结构。

表 4.3 高温焙烧的锰铈双金属氧化物的物理性质

温度（℃）	比表面积（m²/g）		平均孔径（nm）	
	Mn90Ce10	Mn50Ce50	Mn90Ce10	Mn50Ce50
450	52.28	24.95	20.98	22.41
550	16.02	9.57	22.16	25.14
650	5.75	4.39	13.95	25.26

图 4.8 和图 4.9 分别是未高温焙烧以及高温 450℃、550℃ 和 650℃ 焙烧后的锰铈双金属氧化物 Mn90Ce10 和 Mn50Ce50 的孔径分布图。从图 4.8 和图 4.9 中可以看出,未高温焙烧的 Mn90Ce10 和 Mn50Ce50 具有相对均一的孔径,而经过高温焙烧后的孔径分布变宽。将高温焙烧后的锰铈双金属氧化物 Mn90Ce10 与 Mn50Ce50 的孔径分布图对比可以看出,高温对于 Mn50Ce50 的孔径分布的影响要小于高温对 Mn90Ce10 的孔径分布的影响,因此可以说明铈含量增多有助于增强锰铈双金属氧化物的耐高温性能。

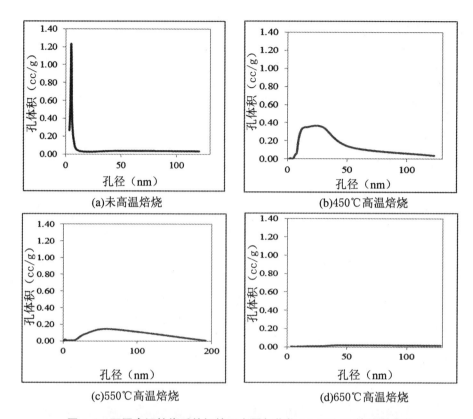

(a)未高温焙烧　　　　　　　(b)450℃高温焙烧

(c)550℃高温焙烧　　　　　　(d)650℃高温焙烧

图 4.8　不同高温焙烧后的锰铈双金属氧化物 Mn90Ce10 的孔径分布

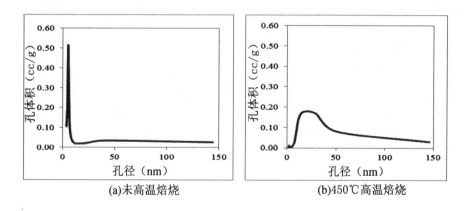

(a)未高温焙烧　　　　　　　(b)450℃高温焙烧

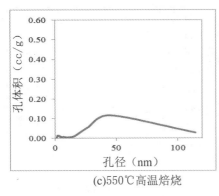

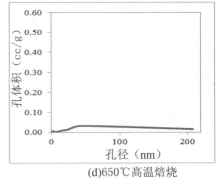

(c)550℃高温焙烧　　　　　　　　　(d)650℃高温焙烧

图 4.9　不同高温焙烧后的锰铈双金属氧化物 Mn50Ce50 的孔径分布

图 4.10 是高温 450℃、550℃ 和 650℃ 焙烧后的锰铈双金属氧化物 Mn90Ce10 和 Mn50Ce50 的 SEM 图片。从图 4.10 可以看出,在高温 450℃ 和 550℃的条件下,Mn90Ce10 和 Mn50Ce50 均有很好的耐高温性能;而当温度为 650℃时,Mn90Ce10 的球形结构完全遭到了破坏,Mn50Ce50 只有一部分球形结构遭到了完全的破坏,因此也可以说明铈含量增多有助于提升锰铈双金属氧化物的耐高温性能。

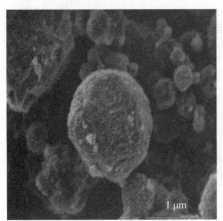

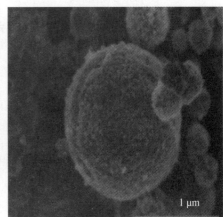

(a)Mn90Ce10,450℃　　　　　　　　　(b)Mn50Ce50,450℃

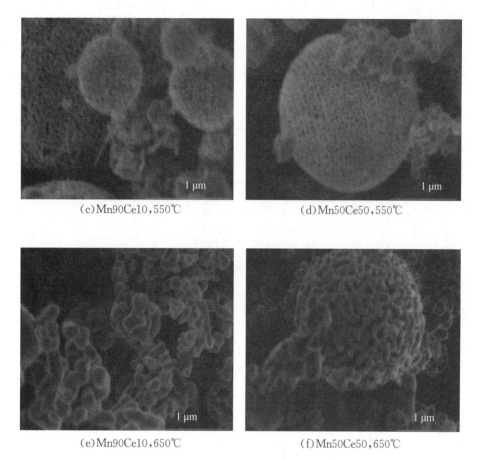

(c)Mn90Ce10,550℃　　　　　　　　(d)Mn50Ce50,550℃

(e)Mn90Ce10,650℃　　　　　　　　(f)Mn50Ce50,650℃

图 4.10　不同高温焙烧的锰铈双金属氧化物的 SEM 图片

图 4.11 和图 4.12 分别是不同高温(450℃、550℃和 650℃)焙烧后的锰铈双金属氧化物 Mn90Ce10 和 Mn50Ce50 的 XRD 谱图。从图中可以看出,锰铈双金属氧化物在高温 450℃、550℃和 650℃焙烧后的产物主要为氧化铈和三氧化二锰。

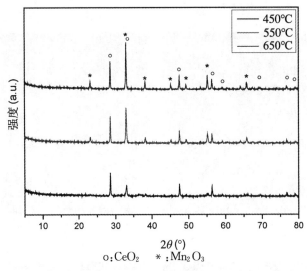

图 4.11　不同高温焙烧后的锰铈双金属氧化物 Mn90Ce10 的 XRD 谱图

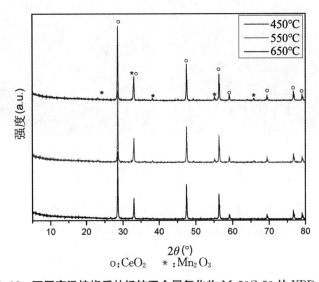

图 4.12　不同高温焙烧后的锰铈双金属氧化物 Mn50Ce50 的 XRD 谱图

4.4.3　锰铈双金属氧化物的再生脱硫性能

本章节还考察了锰铈双金属氧化物的再生性能。选择脱硫性能优异的 Mn90Ce10 来考察其再生脱硫性能。本实验的再生条件为将反应 2 h 后的

Mn90Ce10 在高温 650℃下焙烧 3 h。图 4.13 是 MnO₂ 与 Mn90Ce10 的再生脱硫性能比较图。再生性能的考察温度为 450℃,500 ppm SO₂,反应气体流量为 2 L/min。从图 4.13 可以看出,Mn90Ce10 在高温再生后的 SO₂ 捕获量达 0.09 $g_{SO_2}/g_{material}$,与 MnO₂ 的再生性能相比,其再生脱硫量提高了 28.5% 左右。锰铈双金属氧化物高温再生脱硫性能的提升可能是由于锰铈双金属氧化物具有更好的耐高温性能,在高温处理的过程中其物理结构不易被破坏。

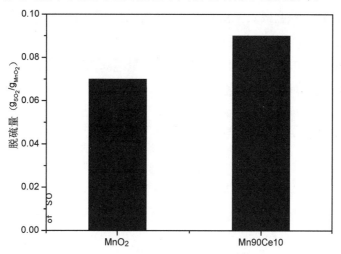

图 4.13　二氧化锰与锰铈双金属氧化物的再生脱硫性能比较

4.5　本章小结

使用浸渍法制备了二氧化锰复合金属氧化物,并通过 SEM、氮气吸附法、XRD 等表征手段分析了二氧化锰复合金属氧化物的微观表面结构、比表面积和孔径分布来评价所制备样品的物理性质,使用热重装置测试了所制备的二氧化锰复合金属氧化物的 SO₂ 捕获性能,结果表明:

(1)经氯化锂改性后的二氧化锰的结晶度更好,但比表面积随着氯化锂浓度的增大而降低。

(2)经碱金属离子(锂、钠和钾)改性后的产物分别为 $LiMn_2O_4$、$NaMnO_2$ 和 $KMnO_2$。掺杂锂离子的二氧化锰复合金属氧化物在温度 400℃下反应 3 h 后的 SO₂ 捕获量为 0.39 g_{SO_2}/g_{MnO_2},比未改性的二氧化锰的脱硫量提高了 18%。

(3)锰铈双金属氧化物随着铈添加量的不断增加,其比表面积不断减小,平均孔径变化不大,为 6 nm 左右;其脱硫性能先升高后降低,Mn90Ce10 具有最好的脱硫性能,其在 SO_2 浓度为 500 ppm(氮气为基准气)的气氛下吸附 2 h 后 SO_2 捕获量高达 0.36 $g_{SO_2}/g_{material}$,与高比表面积 MnO_2 相比,脱硫量提高了 10% 左右。

(4)高温对于锰铈双金属氧化物的微观结构有很大的影响。随着焙烧温度的不断升高,锰铈双金属氧化物的比表面积急剧下降。铈含量的增多有助于增强锰铈双金属氧化物的耐高温性能。

(5)Mn90Ce10 在高温再生后的 SO_2 捕获量达 0.09 $g_{SO_2}/g_{material}$,与 MnO_2 的再生性能相比,其再生脱硫量提高了 28.5% 左右。

第5章 二氧化锰/活性炭复合材料脱硫性能

柴油发电厂和船舶燃烧废气排放的二氧化硫受到了特别的关注,其主要原因有两个:二氧化硫对人体健康与环境有害;二氧化硫可以降低脱除氮氧化合物的催化剂的活性(He et al.,2016;Garcia et al.,2015;Moshiri et al.,2015;Wang et al.,2015;Ding et al.,2014;Zhao et al.,2013)。为了解决从柴油机尾气大量排放的二氧化硫所引起的这些问题,学者们对于脱除二氧化硫问题付出了巨大的努力,并提出了将一种紧凑型的二氧化硫捕集器置放于脱除氮氧化合物的催化剂之前,来捕获柴油机尾气中的二氧化硫,从而避免二氧化硫对于脱除氮氧化合物催化剂的毒害作用。当柴油机处于工作状态时,柴油机尾气的温度在200℃~650℃这一温度区间内。因此,大部分用于脱硫捕集器的脱硫材料的性能研究主要集中于200℃~650℃这一宽温度区间条件下,比如石灰石、氧化镁和类水滑石化合物。

在点火的初始阶段,由于柴油的不完全燃烧,柴油机尾气的温度将处于50℃~650℃这一非常宽的温度区间内。基于一些基础研究,发现碳酸钙在650℃条件下有良好的脱硫性能,然而在温度低于450℃条件下,由于受碳酸盐分解速率的影响,碳酸钙的脱硫速率显著降低;金属氧化物的脱硫反应为 $M_xO_y + ySO_2 + 0.5yO_2 \longrightarrow M_x(SO_4)_y$,并且其在200℃~450℃的温度区间具有非常好的脱硫性能(Liu et al.,2016a);碳基材料在200℃左右具有很好的脱硫性能。但是,这些研究的材料在50℃~650℃这一非常宽的温度区间内无法始终保持良好的脱硫性能,为此本章提出了一种耦合的脱硫捕集器来完全捕获柴油机尾气中的二氧化硫。这种耦合的脱硫捕集器(Liu et al.,2016b)主要有三个部分:高温脱硫材料(碳酸盐)、中温脱硫材料(金属氧化物)和低温脱硫材料(碳基材料),如图5.1所示。

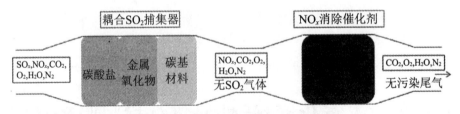

图 5.1　耦合脱硫捕集器的结构示意图

为了提升耦合脱硫捕集器的脱硫性能,开发高效的低温脱硫材料是非常有必要的。然而,很少有文献报道脱硫材料的低温性能。Nishioka 等(2010)致力于提升贵金属捕获二氧化硫的低温催化性能。Kylhammar 等(2008)研究了基于氧化铈的材料在 250℃条件下捕获二氧化硫的性能,实验发现新鲜的脱硫材料可以捕获大约 19 mg_{SO_2}/g_{CeO_2} 二氧化硫。Rubio 等(2010)考察了碳基粉煤灰在烟气条件下脱除二氧化硫的性能,实验发现经 Lada 法活化后的材料在 100℃条件下二氧化硫的捕获量为 13 mg/g。Tseng 等(2004)研究了氧化铜负载于活性炭材料在低温区间下的脱硫性能。活性炭具有许多突出的优点,比如高吸附量、高稳定性、低密度和价廉易得。因此,基于活性炭的复合材料可以作为脱硫材料,在低温条件下具有很好的应用前景。此外,据报道金属氧化物颗粒(尤其是纳米颗粒)高度分散在活性炭的表面可以极大地提升材料的低温催化性能(Yan et al.,2012)。

此前的研究发现,二氧化锰在中温条件下具有优异的脱硫性能,有望应用于紧凑型的脱硫捕集器。然而,在低温条件下,由于二氧化锰材料的团聚状态导致二氧化锰的脱硫率非常低。因此,笔者使用氧化还原法将二氧化锰负载于活性炭,制备得到 MnO_2/AC 复合材料。本书采用热重装置测试了 MnO_2/AC 复合材料在 50℃~250℃这一低温区间下的二氧化硫捕获性能,并研究了 MnO_2/AC 复合材料低温吸附二氧化硫的机理。

5.1　实验

5.1.1　实验材料

活性炭、硝酸、高锰酸钾和乙酸锰购买于国药集团化学试剂有限公司,分析纯。

5.1.2　MnO$_2$/AC 复合材料的制备

二氧化锰负载于碳材料的复合材料的制备方法有很多种,其主要制备方法有沉淀法(Precipitation)、回流法(Reflux)和水热法(Hydrothermal),见表 5.1。

表 5.1　复合材料的制备方法

合成方法	反应物	反应条件	参考文献
沉淀法	KMnO$_4$,MnSO$_4$,AC	20℃,超声	Brousse et al.,2007
水热法	MnSO$_4$,(NH$_4$)$_2$S$_2$O$_8$,(NH$_4$)$_2$SO$_4$,CNTs	80℃,24 h	Tang et al.,2012
回流法	KMnO$_4$溶液,CNTs,柠檬酸	140℃,搅拌	Xie et al.,2007
	KMnO$_4$溶液,CNTs,HCl	70℃,搅拌	Ma et al.,2007
	KMnO$_4$溶液,CNTs,吡咯	25℃	Sivakkumar et al.,2007
	KMnO$_4$,乙醇,CNTs	室温,搅拌	Subramanian et al.,2006

本章使用沉淀法、回流法和水热法来制备 MnO$_2$/AC 复合材料。

5.1.2.1　沉淀法

分别用去离子水配制 0.1 mol/L 的高锰酸钾溶液 100 mL 和 0.15 mol/L 的乙酸锰溶液 100 mL,高锰酸钾溶液用磁力搅拌 30 min 后,将配制好浓度的乙酸锰溶液、高锰酸钾溶液和 0.5 g 的活性炭相混合,室温下磁力搅拌反应 12 h 后,将溶液真空抽滤,将得到的沉淀物用去离子水洗涤多次,去除杂质离子。将所得产物在 120℃烘干,然后用玛瑙研钵研磨,得到二氧化锰/活性炭复合材料。

5.1.2.2　回流法

实验步骤(Fan et al.,2011):首先将活性炭置于 1 M 硝酸溶液中超声 30 min,用大量去离子水清洗后置于 120℃烘箱中干燥备用。配制 50 mL 0.05 mol/L 的高锰酸钾溶液,然后将 0.5 g 的活性炭与配制好的高锰酸钾溶液在 250 mL 的三口圆底烧瓶中混合。使用油浴锅使其恒温在 140℃并持续搅拌 12 h。最后将所得产物过滤、洗涤,在 120℃下干燥,得到二氧化锰/活性炭复合材料。

$$4KMnO_4+3C+2H_2O \xrightarrow{140℃} 4MnO_2+3CO_2+4KOH \qquad (5.1)$$

5.1.2.3　水热法

首先配制 50 mL 0.05 mol/L 的高锰酸钾溶液,然后将 0.5 g 的活性炭与配制好的高锰酸钾溶液在 100 mL 的聚四氟乙烯的反应釜中混合,拧紧反应釜后置于 140℃的烘箱中反应 12 h。最后将所得产物过滤、洗涤,在 120℃下干燥,得到二氧化锰/活性炭复合材料。

5.1.3　复合材料的表征

本书中的 XPS 测试采用的是美国 Thermo Fisher Scientific Inc 公司的 ESCALAB 250Xi 型号的 X 光电子能谱仪,以 Mg 靶为单色光源(K_a 为 1253.6 eV),其中以结合能在 284.6 eV 左右的图谱峰作为谱图分析参考,采用 XPS Peak 软件(4.1 版)来拟合 XPS 图谱并进行分析。本书中所使用的 X 射线荧光光谱分析测试设备为荷兰 PANalytical B. V. 公司生产的 AXIOSmAX－PETRO 型号的波长色散 X 射线荧光光谱仪。本书中所使用的红外光谱测试设备为德国布鲁克公司生产的 TENSOR27 型号的傅立叶变换红外光谱仪。测试设备采用德国林赛斯公司生产的 HDSC PT500LT/1600 型号的低温、高温差示扫描量热仪。本书中所使用的氮吸附比表面测试设备为美国 Micromeritics 公司生产的 ASAP2010 型号的氮吸附比表面测试仪。本书中所使用的测试设备为荷兰 Panalytical 分析仪器公司生产的 X'Pert Pro MPD 型号的 X 射线衍射分析仪,日本 JOEL 公司生产的 JEM－2100F 型号的透射电子显微镜,日本 Hitachi 公司生产的 S－4800 型号的扫描电子显微镜。

5.1.4　复合材料的脱硫性能评价

本实验采用热重装置来测量 MnO_2/AC 复合材料的脱硫性能。

主要实验步骤为:首先称量 50 mg 的高比表面积二氧化锰并置于热重装置中的石英小坩埚中;设定温度控制程序,使反应器的温度以 10 K/min 的升温速率升高至目标温度(本实验的反应温度区间为 50℃～250℃),在升温过程中用氮气吹扫直至到达目标温度并恒温 2 h 以确保天平读数稳定不变;天平读数保持不变后通入 500 ppm 的二氧化硫气体(氮气为基本气体),反应气体的流量为 2 L/min,其流量用质量流量计来控制。

通过以上试验方法可以测量二氧化锰捕获二氧化硫的性能。单位质量的二氧化硫捕获性能 P 和样品的转化率 $X_{(t)}$ 可以用下列方程式来表示:

$$P = \frac{s_t - s_0}{s_0} \left[g_{SO_2} / g_{material} \right] \tag{5.2}$$

$$X_{(t)} = \frac{M_{MnO_2}}{M_{SO_2}} \cdot \frac{s_t - s_0}{s_0} \left[g_{SO_2} / g_{MnO_2} \right] \tag{5.3}$$

式中,P 是单位质量的脱硫性能,其单位为 $g_{SO_2} / g_{material}$;s_0 是实验样品的初始质量,单位为 mg;s_t 是实验样品在一定反应时间 t 后的质量,其单位为 mg;M_{MnO_2} 是二氧化锰的摩尔质量,其单位为 g/mol;M_{SO_2} 是二氧化硫的摩尔质量,其单位为 g/mol。

5.2　制备方法对 MnO_2/AC 复合材料微观结构的影响

本实验采用沉淀法、回流法和水热法制备出 MnO_2/AC 复合材料,并考察了其微观结构。

图 5.2 是沉淀法、回流法和水热法所制备的 MnO_2/AC 复合材料的扫描电子显微镜图片。从图 5.2 可以看出,沉淀法、回流法和水热法所制备的 MnO_2/AC 复合材料中,二氧化锰都能很好地负载于活性炭的表面。回流法和水热法所制备的复合材料中,反应生成的氧化锰的分散度略优于沉淀法所制备的 MnO_2/AC 复合材料。

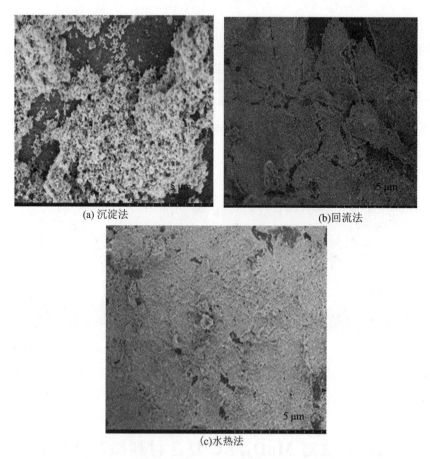

(a) 沉淀法   (b)回流法

(c)水热法

图 5.2   不同方法制备的复合材料的 SEM 表面形貌

图 5.3 是沉淀法、回流法和水热法所制备的 MnO_2/AC 复合材料的 XRD 谱图。从图 5.3 中的谱图可以看出,活性炭在 26.38°、42.22°、44.39°和 50.45°处的峰为石墨结构的活性炭峰(JCPDS 00−041−1487);使用沉淀法所制备的 MnO_2/AC 复合材料中二氧化锰为晶型较差的无定型的 a−MnO_2(JCPDS 00−044−0141);采用回流法所制备的 MnO_2/AC 复合材料中的二氧化锰的产物峰为黑锰矿结构的氧化锰的峰(JCPDS 01−080−0382);采用水热法所制备的 MnO_2/AC 复合材料中二氧化锰的峰为黑锰矿结构的氧化锰的峰(JCPDS 01−080−0382),并且还发现在 24.25°、37.52°、41.42°、45.18°、49.67°和 51.69°处出现了菱锰矿结构的碳酸锰的峰(JCPDS 00−044−1472),说明水热法合成复合

材料的过程中会生成碳酸锰。由于低温条件下碳酸盐的分解速率缓慢,导致碳酸盐的低温脱硫速率非常低,因此为了获得高效的低温脱硫复合材料宜采用沉淀法和回流法来制备 MnO_2/AC 复合材料。

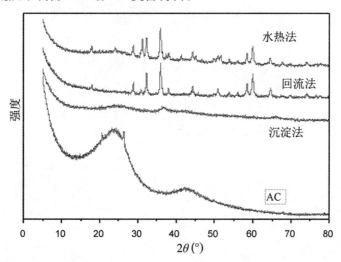

图 5.3　沉淀法、回流法和水热法所制备的 MnO_2/AC 复合材料的 XRD 衍射谱图

5.3　回流法制备 MnO_2/AC 复合材料的微观结构分析

将 50 mL,0.1 mol/L 的高锰酸钾溶液添加于 0.5 g 活性炭中,并采用回流法制备得到 MnO_2/AC 复合材料。

图 5.4 是活性炭 AC 和 MnO_2/AC 复合材料的 SEM 电镜图片。从图 5.4 (a)和(b)中可以看出,经过回流法制备的复合材料中有许许多多形状规整的二氧化锰纳米颗粒高度分散于活性炭的表面;从 MnO_2/AC 复合材料局部放大图 5.4(c)可以看出,这些形状规整的二氧化锰纳米颗粒的直径大约为 100 nm。

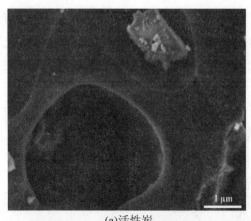

(a)活性炭

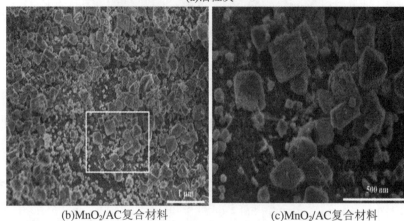

(b)MnO₂/AC复合材料　　　　(c)MnO₂/AC复合材料

图 5.4　不同材料的 SEM 电镜图片

　　图 5.5 是活性炭和 MnO₂/AC 复合材料的 FTIR 谱图。从图 5.5(a)活性炭的谱图中可以看出,波数在大约 1230 cm⁻¹ 处的峰为 C—H 键的振动峰(El—Hendawy,2003),波数在 1570 cm⁻¹ 左右的峰为 O—H 键的振动峰(Chu et al.,2010),波数在大约 2360 cm⁻¹ 处的峰为 C≡C 键的振动峰(Wang et al.,2010),波数在 3400 cm⁻¹ 处的峰可以认为是 O—H 键的振动峰(Aguilar et al.,2003)。从图 5.5(b)MnO₂/AC 复合材料的谱图中可以看出,波数在大约 525 cm⁻¹ 处有一个相对尖锐的峰,这个尖锐的峰可以认为是八面体二氧化锰中 Mn—O 键和 Mn—O—Mn 键的振动峰。

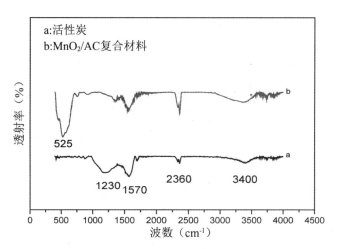

图 5.5　活性炭和 MnO_2/AC 复合材料的 FTIR 谱图

图 5.6 是活性炭和 MnO_2/AC 复合材料的 XRD 谱图。从图 5.6 中的谱图可以确认反应生成的产物为二氧化锰纳米颗粒。MnO_2/AC 复合材料中 XRD 衍射峰类似于针铁矿相二氧化锰（JCPDS 00－042－1316）的峰。从图 5.6 还可以看出，活性炭的峰在产物 MnO_2/AC 复合材料中消失，这说明了反应生成的二氧化锰纳米颗粒均匀地覆盖在活性炭的表面。

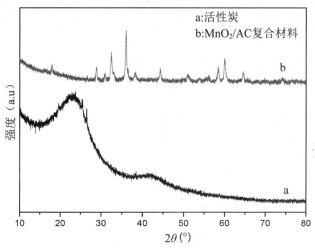

图 5.6　活性炭和 MnO_2/AC 复合材料的 XRD 谱图

图 5.7 是活性炭和 MnO_2/AC 复合材料的 TG/DSC 曲线。从图 5.7 中的曲线可以看出，活性炭在温度 500℃左右有明显的失重，这是由于碳的燃烧所引起的；而 MnO_2/AC 复合材料中碳燃烧所引起的明显失重发生在 300℃左右，这

说明 MnO_2/AC 复合材料在低温条件下具有更好的氧化性能。

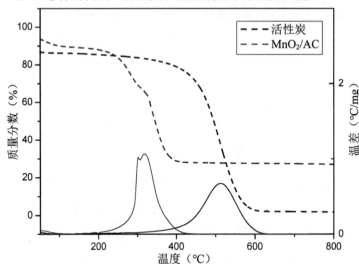

图 5.7　TG－DSC 曲线:差示扫描量热法热重曲线

图 5.8 是 MnO_2/AC 复合材料的孔径分布图。从图 5.6 中可以看出,MnO_2/AC 复合材料的孔径集中在 0.5 nm～5 nm。使用 BET 理论模型计算得到 MnO_2/AC 复合材料的比表面积为 278 m^2/g,其平均孔径在 1.2 nm 左右;而使用 BJH(Barrett Joiner Halenda)理论计算得到 MnO_2/AC 复合材料的孔体积为 0.34 cm^3/g。

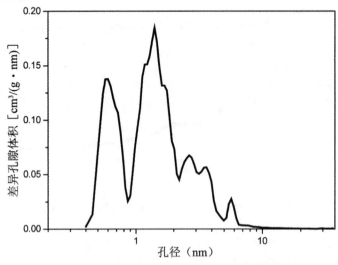

图 5.8　MnO_2/AC 复合材料的孔径分布

5.4　MnO₂/AC 复合材料的脱硫性能

5.4.1　MnO₂/AC 复合材料的低温 SO₂ 吸附性能

图 5.9 是不同反应温度下 MnO$_2$/AC 复合材料的脱硫性能曲线,反应温度为 50℃、100℃、150℃和 200℃。从图 5.9 可以看出,MnO$_2$/AC 复合材料的脱硫性能随着温度的升高而升高。表 5.2 是活性炭与 MnO$_2$/AC 复合材料在不同温度下的二氧化硫捕获量。从表 5.2 可以看出,在 200℃条件下 MnO$_2$/AC 复合材料展现了很好的二氧化硫捕获性能,其最高可捕获大约 65.6 $g_{SO_2}/g_{composite}$,而活性炭在此温度下的二氧化硫捕获量为 2.1 g_{SO_2}/g_{AC}。由于活性炭在低温 50℃条件下展现了较好的脱硫性能,其二氧化硫的捕获量为 15.4 g_{SO_2}/g_{AC},因此 MnO$_2$/AC 复合材料在低温 50℃条件下具有优异的捕获性能,其捕获二氧化硫的量为 21.7 $g_{SO_2}/g_{composite}$。与报道的其他低温脱硫材料相比,如 CuO/AC(二氧化硫捕获量低于 10 mg/g)和粉煤灰(二氧化硫捕获量为 13 mg/g)等,MnO$_2$/AC 复合材料在 50℃~200℃这一低温区间内展现了非常优异的二氧化硫捕获性能。因此,负载于活性炭表面的氧化锰是脱硫性能优异的主要因素(Qu et al.,2013)。基于图 5.4 可以断定,MnO$_2$/AC 复合材料脱硫性能有极大提高是因为采用氧化沉积回流法将二氧化锰纳米颗粒高度分散于活性炭的表面(Tang et al.,2009)。

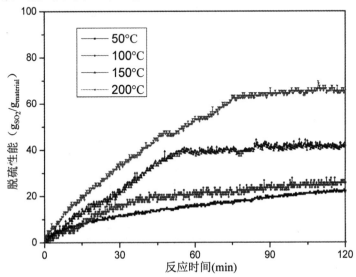

图 5.9　不同温度下 MnO₂/AC 复合材料的基本脱硫性能

表 5.2　活性炭与 MnO₂/AC 复合材料在不同温度下的二氧化硫捕获量

样品	50℃	100℃	150℃	200℃
MnO₂/AC 复合材料	21.7	25.7	43.1	65.6
活性炭	15.4	8.6	3.3	2.1

活性炭的表面官能团是脱除二氧化硫非常重要的因素。图 5.10 是活性炭、MnO₂/AC 复合材料脱硫反应前后样品的 C 1s 的 XPS 谱图。所有样品的 C 1s 的 XPS 谱图峰有四个:C—C/C—H(石墨碳)、C—O(酚醛碳)、C＝O(羧基碳)和 π—π^*(过渡态),其对应的结合能分别为 285 eV、286 eV、288 eV 和 290 eV。从图 5.10 可以看出,与活性炭相对比,MnO₂/AC 复合材料中 π—π^*(过渡态)的含量略有增加。据报道,π—π^*(过渡态)官能团具有碱性非常有利于二氧化硫的脱除(Tang et al.,2009)。

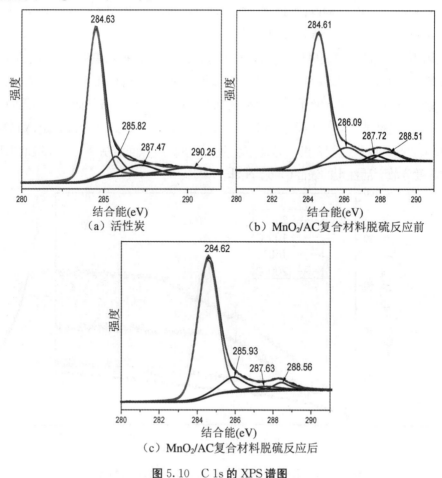

（a）活性炭　　　　　　　　（b）MnO₂/AC复合材料脱硫反应前

（c）MnO₂/AC复合材料脱硫反应后

图 5.10　C 1s 的 XPS 谱图

为了进一步研究 MnO_2/AC 复合材料脱硫反应后的化学成分信息,本章使用 XPS 手段来分析活性炭表面锰和硫的价态。图 5.11 是 MnO_2/AC 复合材料脱硫反应前后的 Mn 2p XPS 谱图和脱硫反应后的 S 2p 谱图。在脱硫反应前,MnO_2/AC 复合材料中 Mn $2p_{\frac{3}{2}}$ 区域由一个尖锐的强峰组成,其强峰的结合能为 641.90 eV。在此结合能下的强峰可以认定为二氧化锰中的四价锰离子 Mn^{4+} (641.1~642.4 eV)(Wu et al.,2013),这说明在制备过程中活性炭表面生成的

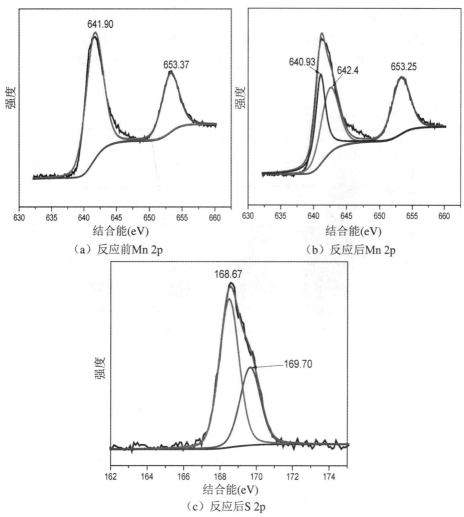

（a）反应前 Mn 2p　　　　　　（b）反应后 Mn 2p

（c）反应后 S 2p

图 5.11　MnO_2/AC 复合材料脱硫反应前后的 Mn 2p 的 XPS 的谱图和
脱硫反应后的 S 2p 的 XPS 谱图

是 MnO_2。在脱硫反应后,结合能在 642.60 eV(Figure 5.11b)处的峰为二价的锰离子 Mn^{2+}(Xia et al.,2015)。图 5.11(c)是 MnO_2/AC 复合材料脱硫反应后的 S 2p XPS 谱图。MnO_2/AC 复合材料中 S $2p_{\frac{3}{2}}$ 区域在结合能为 168.67 eV 处的峰可以认定为硫酸根 SO_4^{2-}(Smirnov et al.,2003)。

图 5.12 是 MnO_2/AC 复合材料和 MnO_2 的脱硫转化率比较图。脱硫反应温度为 50℃、100℃、150℃和 200℃。从图 5.12 可以看出,与 MnO_2 的脱硫转化率相比,MnO_2/AC 复合材料的脱硫转化率大大提高。在 50℃和 100℃条件下反应后,MnO_2/AC 复合材料的脱硫转化率比 MnO_2 的脱硫转化率分别提高了 80%和 65%。这说明通过氧化还原沉淀的回流法制备过程中,二氧化锰高度分散在活性炭的表面,可以有效地提高其二氧化硫的低温脱除性能,并有望应用于柴油机尾气系统中的耦合脱硫捕集器中。

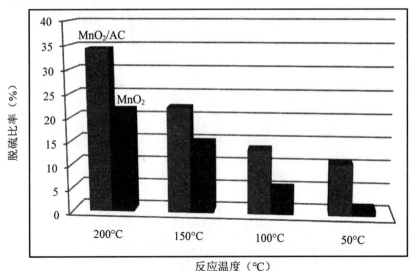

图 5.12 MnO_2/AC 复合材料和 MnO_2 的脱硫转化率比较

5.4.2 反应物浓度对 MnO_2/AC 复合材料脱硫性能的影响

本实验考察了反应物 $KMnO_4$ 溶液的浓度对 MnO_2/AC 复合材料脱硫性能的影响,其中 $KMnO_4$ 的浓度在 0.01 mol/L~0.5 mol/L。表 5.3 是 MnO_2/AC 复合材料的结构性质。从表 5.3 中可以看出,在使用回流法制备后所得到的 MnO_2/AC 复合材料的孔体积比活性炭的孔体积(0.79 cm^3/g)明显减小。

MnO_2/AC 复合材料的比表面积和孔体积随着 $KMnO_4$ 溶液的浓度增大而减小，这是反应过程中生成的形状规整的二氧化锰纳米颗粒堵塞了活性炭表面的孔道所导致的，如图 5.4 所示。

表 5.3　MnO_2/AC 复合材料的结构性质

样品	$KMnO_4$ 浓度（mol/L）	BET 表面积（m^2/g）	孔体积（cm^3/g）
AC0	0	598	0.79
AC1	0.01	473	0.64
AC2	0.05	345	0.41
AC3	0.1	278	0.34
AC4	0.2	186	0.15
AC5	0.3	91	0.09
AC6	0.5	45	0.03

使用波长色散连续 X 射线荧光光谱法来测定所制备复合材料中二氧化锰的负载量。表 5.4 是 MnO_2/AC 复合材料的 XRF 成分分析。从表 5.4 可以看出，二氧化锰的负载量随着 $KMnO_4$ 溶液的浓度增大而增大。本实验中二氧化锰的负载量为 5%～40%。图 5.13 是反应物 $KMnO_4$ 溶液浓度对 MnO_2/AC 复合材料及其脱硫性能的影响。从图 5.13 可以看出，二氧化锰的负载量在 $KMnO_4$ 溶液浓度较高的条件下比在低浓度条件下的增长率要低得多。究其原因可能是在较低 $KMnO_4$ 浓度条件下溶液未饱和导致在活性炭的表面未能产生富余的增长单元，而在较高 $KMnO_4$ 浓度条件下溶液达到饱和导致二氧化锰负载量随着 $KMnO_4$ 溶液的浓度增大而增长缓慢。由此可以推断出随着 $KMnO_4$ 溶液的浓度不断增大，溶液过度饱和，导致产物迅速成核，使二氧化锰负载量的增长速率快，从而在活性炭的表面生成了分散性较好的高密度二氧化锰纳米颗粒。

表 5.4　MnO_2/AC 复合材料的 XRF 成分分析

样品	MnO_2	K_2O	Ash	C
AC0	—	—	1.86	—
AC1	5.23	1.22	0.59	92.96
AC2	20.87	4.37	0.91	73.85
AC3	25.84	7.89	0.34	65.93
AC4	34.34	8.28	0.72	56.66
AC5	38.57	9.13	1.16	51.14
AC6	40.4	9.86	0.78	48.96

图 5.13 还展现了反应物 $KMnO_4$ 溶液浓度对 MnO_2/AC 复合材料二氧化硫

捕获量的影响。与活性炭相比,MnO_2/AC复合材料展现了很好的脱硫性能。随着$KMnO_4$溶液浓度的增大,MnO_2/AC复合材料的二氧化硫捕获量先增大而后减小。当$KMnO_4$溶液的浓度为0.2 mol/L时,MnO_2/AC复合材料的二氧化硫捕获量有最大值。所制备样品的最大脱硫量为29 $mg_{SO_2}/g_{material}$,与其他低温脱硫材料如粉煤灰(13 $mg_{SO_2}/g_{material}$)和CuO/AC(低于10 $mg_{SO_2}/g_{material}$)相比,MnO_2/AC复合材料具有很好的脱硫性能。然而,当$KMnO_4$溶液的浓度大于0.2 mol/L时,MnO_2/AC复合材料的脱硫性能随着$KMnO_4$溶液的浓度增大反而降低,Carabineiro等(2003)也有相似趋势的报道。MnO_2/AC复合材料捕获二氧化硫的量在高浓度$KMnO_4$溶液条件具有明显的下降,其主要原因是生成的二氧化锰纳米颗粒团聚,从而导致了比表面积、孔体积和活性位点的减少。

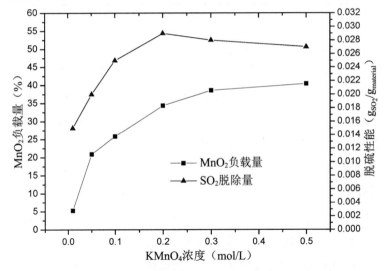

图 5.13　反应物$KMnO_4$溶液浓度对MnO_2/AC复合材料脱硫性能的影响

5.5　MnO_2/AC复合材料低温吸附SO_2机理

5.5.1　平衡吸附模型研究

材料表面的多相吸附平衡数据适用于传统的三种等温吸附模型,即朗格缪尔(Langmuir)模型、弗罗因德利希(Freundlich)模型和 BET(Brunauer—

Emmett－Teller)模型。本章使用这三种模型来描述等温吸附机理。Langmuir 模型认为吸附质二氧化硫在吸附剂 MnO_2/AC 复合材料上是单层吸附。Langmuir 模型的表达式为：

$$q = \frac{bq_mC_e}{1+bC_e} \tag{5.4}$$

式中，q 是单位质量 MnO_2/AC 复合材料的二氧化硫吸附量，mg/g；q_m 是 Langmuir 常数，表示材料的吸附量，mg/g；b 是一个常数，表示吸附质二氧化硫与吸附剂 MnO_2/AC 复合材料的吸附能力，$1/mg$；C_e 是二氧化硫的平衡吸附浓度，mg/L。

Langmuir 模型的线性形式可以用以下式子表示：

$$\frac{C_e}{q} = \frac{1}{bq_m} + \frac{1}{q_m}C_e \tag{5.5}$$

式中，q_m 和 b 的数值可以通过 C_e/q 与 C_e 直线的斜率和截距来求取。

Freundlich 模型是一种经验方程，该模型认为多相吸附的发生是由于吸附位点的多样性引起的。Freundlich 模型可以用下式来表示：

$$q = K_fC_e^{(1/n)} \tag{5.6}$$

式中，K_f 和 n 是 Freundlich 常数，分别与吸附剂的吸附量与吸附强度有关。

Freundlich 模型的线性形式可以用下式来表示：

$$\ln q = \ln K_f + \frac{1}{n}\ln C_e \tag{5.7}$$

式中，K_f 和 n 的数值可以分别通过 $\ln q$ 与 $\ln C_e$ 直线的斜率和截距来求取。

BET 模型适用于多层吸附，其表达式可以用下列式子来表示：

$$q = \frac{cq_b\dfrac{C_g}{C_0}}{\left(1-\dfrac{C_e}{C_0}\right)\left[1-\dfrac{(c-1)C_e}{C_0}\right]} \tag{5.8}$$

式中，q 表示单位质量吸附剂对于吸附质的平衡吸附量，mg/g；c 是有关表面能的常数；q_b 是吸附质的多层吸附量，mg/g；C_e 表示二氧化硫的平衡吸附浓度，mg/L；C_0 是最大的平衡吸附二氧化硫浓度，mg/L。

在这三种传统的等温吸附模型中，Freundlich 模型非常适用于吸附质强吸附于吸附剂的表面的吸附。为了确定本实验的平衡吸附类型，需要明确二氧化

硫气体分子与 MnO_2/AC 复合材料之间的相互作用类型（Al－Harahsheh et al. ,2014）。本实验使用 FTIR 光谱来进一步了解二氧化硫与 MnO_2/AC 复合材料的吸附类型。图 5.14 是活性炭和 MnO_2/AC 复合材料反应前后的 FTIR 谱图。从图中可以看出，波数在 $1102\ cm^{-1}$ 左右的峰为脱硫材料吸附二氧化硫后所生成的硫酸根的振动峰。因此，可以推断出二氧化硫在 MnO_2/AC 复合材料的表面是一个化学吸附过程并生成了硫酸根。基于图 5.4 可知，制备过程中生成的形状规整的二氧化锰纳米颗粒高度分散在活性炭的表面，二氧化硫可以很容易地到达 MnO_2/AC 复合材料的表面，并发生强吸附化学反应生成硫酸盐。因此，Freundlich 模型适用于二氧化硫在 MnO_2/AC 复合材料表面的吸附过程。

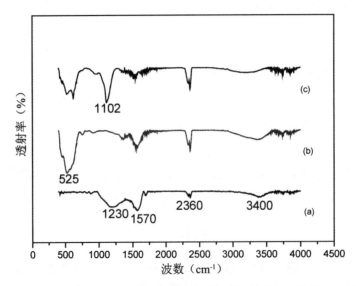

(a)活性炭　(b)MnO_2/AC 复合材料反应前　(c)MnO_2/AC 复合材料反应后

图 5.14　活性炭和 MnO_2/AC 复合材料反应前后的 FTIR 谱图

为了确定二氧化硫在 MnO_2/AC 复合材料上吸附的 Freundlich 模型常数，本实验考察了 MnO_2/AC 复合材料在 373 K，二氧化硫浓度为 200 ppm、300 ppm、500 ppm 和 700 ppm 条件下的平衡吸附量。图 5.15 是 MnO_2/AC 复合材料上 SO_2 吸附量的 Freundlich 图。从图 5.15 可以看出，Freundlich 模型与实验数据的拟合度较好，其方差值为 0.9936。通过 Freundlich 模型的斜率和截距计算出与吸附强度相关的 Freundlich 常数 n 的数值为 1.170。与 Al－Harahsheh 等(2014)报道的沸石凝灰岩的 Freundlich 常数 n(1.059)相比，可以

推断出 MnO_2/AC 复合材料展现了较高的二氧化硫吸附性能。

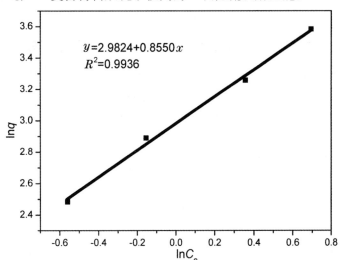

图 5.15　MnO_2/AC 复合材料上 SO_2 吸附量的 Freundlich 图

5.5.2　吸附热力学参数

热力学参数可以进一步提供 MnO_2/AC 复合材料上 SO_2 吸附的能量变化情况。为了确定热力学参数,比如吸附热(ΔH^0)、熵变(ΔS^0)和反应过程的吉布斯自由能(ΔG^0),使用了以下方程来进行计算:

$$\Delta G^0 = -RT\ln K_f \tag{5.9}$$

$$\ln K_f = \frac{\Delta S^0}{R} - \frac{\Delta H^0}{RT} \tag{5.10}$$

式中,K_f 表示 Freundlich 平衡常数(L/mg);R 是气体常数(8.314 J·mol^{-1}·K^{-1});T 是反应温度(K)。

ΔH^0 和 ΔS^0 可以通过范特霍夫(van't Hoff)方程 $\ln(K_f)$ 对 $1/T$ 的斜率和截距来求取。图 5.16 是热力学参数的范特霍夫回归线。表 5.5 是不同温度(325 K、373 K、423 K、473 K 和 523 K)条件下的热力学参数(ΔG^0、ΔH^0 和 ΔS^0)的数值。通过计算,得到 ΔH^0 和 ΔS^0 的数值分别为 14.30 kJ/mol 和 62.97 J/(mol·K)。ΔH^0 和 ΔS^0 的数值为正,说明 MnO_2/AC 复合材料吸附 SO_2 是吸热反应。随着温度的升高,MnO_2/AC 复合材料对 SO_2 的吸附速率变快,也说明了该反应为吸热反应。此外,ΔS^0 的数值为正表明在 SO_2 吸附过程中,气固界面处

的自由度增大(Gupta et al. ,2003)。所有实验温度下的 ΔG^0 为负值,这说明了 SO_2 在 MnO_2/AC 复合材料上的吸附是一个自发进行的过程。众所周知,ΔG^0 为负值时,其绝对值越大预示着 SO_2 的吸附有着越大的驱动力,并具有更好的吸附性能。随着温度的升高,ΔG^0 的数值不断减小,预示着高温更有利于 SO_2 在 MnO_2/AC 复合材料上的吸附(Al—Harahsheh et al. ,2014)。

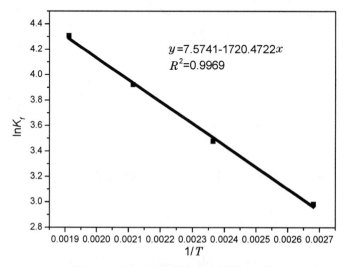

图 5.16   热力学参数的范特霍夫回归线

表 5.5   不同温度条件下的热力学参数值

温度(K)	ΔG^0(kJ/mol)	ΔH^0(kJ/mol)	ΔS^0[J/(mol·K)]
323	−8.01		
373	−9.25		
423	−12.23	14.30	62.97
473	−15.43		
523	−18.73		

5.6   本章小结

使用不同方法将二氧化锰负载于活性炭上,并通过 SEM、氮气吸附法、XPS XRF、XRD 和 FTIR 等表征手段分析了所制备的二氧化锰/活性炭复合材料的微观表面结构、比表面积、孔径分布、元素组成等物理化学性质,使用热重装置测试了所制备的二氧化锰/活性炭复合材料的二氧化硫低温捕获性能。结果表明：

(1)采用沉淀法、回流法和水热法制备了 MnO_2/AC 复合材料。其中,回流法和水热法所制备的复合材料中反应生成的氧化锰的分散度略优于沉淀法,而在水热法合成 MnO_2/AC 复合材料的过程中会生成碳酸锰。

(2)MnO_2/AC 复合材料在低温区间 50℃～200℃条件下展现了很好的脱硫性能,并且二氧化锰的转化率也大大提高。MnO_2/AC 复合材料的脱硫性能随着 $KMnO_4$ 溶液的浓度增大先增大而后减小。当 $KMnO_4$ 溶液的浓度为 0.2 mol/L时,MnO_2/AC 复合材料的 SO_2 捕获量有最大值,为 29 $mg_{SO_2}/g_{material}$。

(3)通过 FTIR 光谱分析确定了 SO_2 在 MnO_2/AC 复合材料上的吸附是一个化学过程,因此,Freundlich 模型适用于本实验吸附机理。通过不同 SO_2 浓度条件下的平衡吸附量以及 Freundlich 模型方程的斜率与截距计算出与吸附强度相关的 Freundlich 常数 n 的数值为 1.170。通过范特霍夫方程求得 ΔH^0 和 ΔS^0 的数值分别为 14.30 kJ/mol 和 62.97 J/(mol·K),说明了 MnO_2/AC 复合材料吸附 SO_2 是吸热反应。ΔG^0 为负值说明了 SO_2 在 MnO_2/AC 复合材料上的吸附是一个自发进行的过程。

第6章　MnO₂/NaY 复合材料的制备及其脱硫性能的研究

随着世界经济的全球化及各国贸易关系的日益紧密,船舶运输业得到了飞速的发展。远洋船舶常采用重油与劣质渣油为燃料,因其价格低廉且来源广泛,但重油与劣质渣油成分复杂,含有大量的有害物质。因此,船舶主机燃烧重油产生的尾气中含有大量的污染物,包含 NO_x、SO_x、CO、PM、VOCs 等。其中 SO_x 对地球的生态环境以及人类的身体健康有着不可忽视的影响。面对日益严重的环境污染问题与逐步严苛的空气保护法律法规,提高能源利用率,开发高效、绿色、节能的新技术已迫在眉睫。由于传统船舶尾气湿法脱硫技术存在安装面积比较大,投资成本高,对设备的要求高等缺点,限制了其发展。干法脱硫装置相较湿法脱硫装置有着工艺简单,投资、操作费用低,能源消耗少,设备体积小等优点,越来越受到人们的青睐。

干法脱硫装置中脱硫材料的性能对尾气脱硫装置的脱硫效果起着至关重要的作用。与多数金属氧化物的对比中,MnO_2 在中高温的尾气工况下具有优异的脱硫性能,但常规 MnO_2 存在比表面积小、脱硫容量低、脱硫速率慢、再生性能不佳等问题,难以满足船舶尾气脱硫系统中低温与高空速工况下的脱硫需求。

负载型脱硫剂是指将具有脱硫活性的金属氧化物负载于各类具有特殊支架结构的载体上。将金属氧化物负载于载体上可明显改善纯金属氧化物因分散不充分导致的脱硫性能缺陷。

载体材料 NaY 分子筛不仅具有比表面积大、高温下结构稳定等优点,而且有着立体交叉的孔道体系、超笼结构以及优异的离子交换性能,其被广泛应用于催化、吸附和离子交换等研究领域。

因此,为满足船舶尾气中低温、高空速、高硫浓度工况下的脱硫需求,本章使用载体材料 NaY 分子筛、活性组分 MnO_2,通过沉淀法制备复合脱硫材料

$MnO_2/NaY-x\%$。通过 XRD、SEM、N_2 吸附脱附、XPS、XRF、TG 等方法对复合脱硫材料 $MnO_2/NaY-x\%$ 的物理化学结构进行表征;使用容量法装置测试复合脱硫材料 $MnO_2/NaY-x\%$ 和纯 MnO_2 的脱硫性能;考察复合材料 MnO_2 的负载量及脱硫温度对脱硫性能的影响。

6.1　$MnO_2/NaY-x\%$ 复合材料及纯 MnO_2 的制备

将 NaY 分子筛分散在超纯水中,使用电磁搅拌器搅拌悬浊液 2 h,真空抽滤,滤饼经 120℃ 干燥,研磨过筛后,取粒径小于 100 目的颗粒,收集待用。将处理后的 NaY 分子筛再次加入超纯水中,25℃ 下连续搅拌悬浊液 1 h,加入适量乙酸锰四水合物 [$Mn(CH_3COO)_2 \cdot 4H_2O$] 后继续搅拌 1 h,使用恒压滴定漏斗逐滴加入适量的高锰酸钾($KMnO_4$)溶液,连续搅拌 24 h 后,真空抽滤,120℃ 干燥 12 h,研磨过筛后,取粒径小于 100 目的颗粒。400℃ 下在氮气氛中煅烧颗粒材料 4 h,自然降温至室温,制得复合脱硫材料 $MnO_2/NaY-x\%$,其中 $x\%$ 代表复合材料中 MnO_2 的负载量(wt),采用 XRF 测得 $MnO_2/NaY-x\%$ 的负载量分别为 20%、32%、41% 和 53%。

同样称取一定量 $Mn(CH_3COO)_2 \cdot 4H_2O$ 加入超纯水中搅拌 1 h,使用恒压滴定漏斗逐滴加入适量的 $KMnO_4$ 溶液,连续搅拌 24 h 后,真空抽滤,120℃ 干燥 12 h,研磨过筛后,取粒径小于 100 目的颗粒。400℃ 下在氮气氛中煅烧颗粒材料 4 h,自然降温至室温,制得纯 MnO_2 脱硫材料。

6.2　实验结果与讨论

6.2.1　$MnO_2/NaY-x\%$ 晶体结构的研究

图 6.1 为纯 MnO_2、纯 NaY 分子筛和 $MnO_2/NaY-x\%$ 的 XRD 谱图。由图 6.1 可知,纯 MnO_2 主要表现为为隐锰钾矿型的 $\alpha-MnO_2$(JCPDS 44−0141,立方体,I4/m,$a=b=9.78$ Å,$c=2.86$ Å)。其 2θ 为 12.8°、18.1°、28.7°、37.6°、41.9°、49.8°、56.4° 和 60.4° 处的特征衍射峰可分别对应 $\alpha-MnO_2$ 的(110)、(200)、(310)、(211)、(301)、(411)、(600)和(521)晶面。NaY 分子筛(JCPDS 43−

0168,立方体,Fd3m,$a＝b＝c＝24.68$ Å)的 2θ 为 6.23°、10.16°、11.90°、15.64°、18.67°、20.36°、30.73°和 31.38°处的特征衍射峰可分别对应 NaY 分子筛的(111)、(220)、(311)、(331)、(333)、(440)、(660)和(555)晶面。复合脱硫材料 $MnO_2/NaY-x\%$ 在 2θ 为 6.23°、10.16°、11.90°、15.64°、18.67°、20.36°、30.73°和 31.38°等处仍存在较为明显的属于 NaY 分子筛的特征衍射峰,这表明将 MnO_2 负载于 NaY 分子筛后,并未完全包裹 NaY 分子筛,其晶体结构仍然稳定存在;当 MnO_2 的负载量为 20%时,MnO_2/NaY 中的 MnO_2 特征衍射峰并不突出,这可以解释为 NaY 分子筛表面的 MnO_2 沉积量较少,其分散较为均匀,且形成的 MnO_2 颗粒较小。随着负载量的逐渐提高,复合脱硫材料 MnO_2/NaY 中逐渐出现属于 MnO_2 的特征衍射峰,当负载量由 32%增至 53%时,属于 MnO_2 的特征衍射峰逐渐增强,表明 NaY 分子筛表面的 MnO_2 逐渐增多,覆盖度增强,均匀度下降,导致局部 MnO_2 发生团聚,覆盖了 NaY 分子筛的表面。

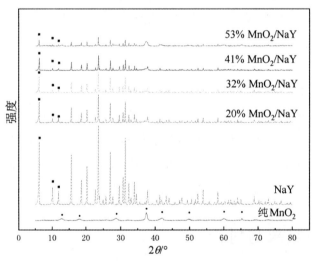

• MnO_2 的 XRD 特征峰 ▪ NaY 的 XRD 特征峰
图 6.1 纯 MnO_2、纯 NaY 与 $MnO_2/NaY-x\%$ 的 XRD 谱图

6.2.2 $MnO_2/NaY-x\%$ 表面形貌的研究

图 6.2 为纯 MnO_2、纯 NaY 分子筛以及复合脱硫材料 $MnO_2/NaY-x\%$ 的扫描电镜图像。图中(a)(b)(c)(d)(e)(f)分别对应纯 NaY 分子筛,$MnO_2/NaY-20\%$,$MnO_2/NaY-32\%$,$MnO_2/NaY-41\%$,$MnO_2/NaY-53\%$ 和纯 MnO_2。由图

6.2 可知,纯 NaY 分子筛主要呈现立方体状的结构形态,粒径大小约为 1 μm;复合脱硫材料 MnO₂/NaY 中的 MnO₂附着于 NaY 分子筛的表面,主要呈现蓬松多孔的珊瑚状形态,且随着 MnO₂负载量的不断增加,MnO₂在 NaY 分子筛表面不断富集增多,当负载量增至 53%时,MnO₂在 NaY 表面的结构发生变化,由原本的珊瑚状转变为棒状。

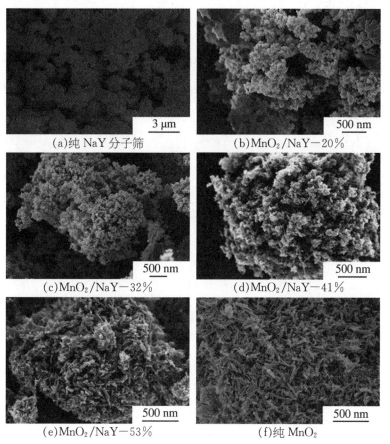

图 6.2　纯 MnO₂、纯 NaY 与 MnO₂/NaY—x%的扫描电镜图

6.2.3　MnO₂/NaY—x%比表面积与孔径的测定

表 6.1 为纯 MnO₂、纯 NaY 分子筛与 MnO₂/NaY—x%的比表面积、孔容及平均孔径的数值,图 6.3 为纯 MnO₂、纯 NaY 分子筛与 MnO₂/NaY—x%的孔径分布图。由表 6.1 可知,MnO₂/NaY—x%的比表面积、平均孔径与孔容均较纯 MnO₂有一定的提升(MnO₂/NaY—20%的孔容较纯 MnO₂略低)。随着

$MnO_2/NaY-x\%$ 中 MnO_2 含量的逐渐增加，$MnO_2/NaY-x\%$ 的平均孔径和孔容先增大后减小，比表面积不断减小；当负载量为 41％ 时，复合材料 MnO_2/NaY 的平均孔径与孔容最大。由图 6.3 孔径分布图可知，$MnO_2/NaY-x\%$ 中沉积在 NaY 分子筛表面的 MnO_2 内部拥有丰富的介孔孔道（15～50 nm）。随着 MnO_2 负载量的逐渐提高，$MnO_2/NaY-x\%$ 的介孔孔容先增大后减小；当负载量为 41％ 时，复合材料 MnO_2/NaY 的介孔孔容最大。

表 6.1　纯 MnO_2、纯 NaY 分子筛与 $MnO_2/NaY-x\%$ 的比表面积、孔容及平均孔径

样品	比表面积（m^2/g）	孔容（cc/g）	平均孔径（nm）
纯 MnO_2	91.75	0.5768	2.5148
NaY 分子筛	897.72	0.4459	1.9866
$MnO_2/NaY-20\%$	690.18	0.4511	2.6146
$MnO_2/NaY-32\%$	569.64	0.6048	4.2472
$MnO_2/NaY-41\%$	499.70	0.9660	7.7326
$MnO_2/NaY-53\%$	389.68	0.7166	7.3555

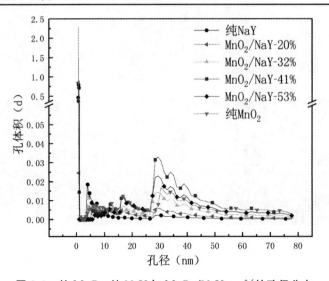

图 6.3　纯 MnO_2、纯 NaY 与 $MnO_2/NaY-x\%$ 的孔径分布

当 MnO_2 负载量从 20％ 逐渐增至 41％ 时，NaY 表面沉积的 MnO_2 逐渐增多，堵塞了 NaY 分子筛的微孔孔道，使得 $MnO_2/NaY-x\%$ 的比表面积逐渐下降。由于 MnO_2 内部含有丰富的介孔孔道，MnO_2 的逐渐增多导致了 $MnO_2/NaY-x\%$ 孔容与平均孔径的不断增加。当 MnO_2 负载量从 41％ 增至 53％ 时，

NaY 分子筛表面的多孔珊瑚状 MnO_2 转变为棒状 MnO_2(图 6.2),MnO_2 的颗粒增大,表明 NaY 分子筛表面的 MnO_2 发生团聚,内部介孔孔道减少,因此,MnO_2/NaY－53%的比表面积、平均孔径、孔容相较于 MnO_2/NaY－41%均大幅下降。

　　脱硫材料的比表面积、平均孔径以及孔容的改善对其在脱硫过程中的各项脱硫性能有着十分重要的促进作用。因此,将 MnO_2 负载于 NaY 分子筛载体上有助于改善纯 MnO_2 的各项脱硫缺陷,提高其脱硫性能。

6.2.4　MnO_2/NaY－x%热稳定性的研究

　　图 6.4 是纯 MnO_2、纯 NaY 分子筛和 MnO_2/NaY－x%的热重曲线图。如图 6.4 所示,MnO_2/NaY－x%及纯 NaY 分子筛在 50℃～200℃的温度区间存在较为明显的失重,这可以解释为样品内部水分的蒸发,因为 NaY 分子筛的吸水性较强,其暴露于空气中极易吸附水蒸气。在 400℃～700℃的温度区间,纯 MnO_2 出现了一定程度的失重,这是因为 MnO_2 在高温下会逐渐失氧生成 Mn_3O_4、Mn_2O_3 以及 MnO。随着 MnO_2 负载量的逐渐增加,MnO_2/NaY－x% 中的 MnO_2 分解生成 Mn_3O_4、Mn_2O_3 以及 MnO 的所需温度也不断升高,表明复合脱硫材料 MnO_2/NaY－x%的热稳定性逐渐增强。

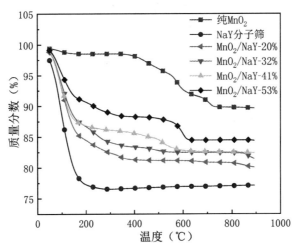

图 6.4　纯 MnO_2、纯 NaY 分子筛与 MnO_2/NaY－x%的热重曲线

6.2.5 MnO$_2$负载量对 MnO$_2$/NaY$-x$%脱硫性能的影响

图 6.5 为使用容量法装置在 400℃下测试的纯 MnO$_2$及 MnO$_2$/NaY$-x$%的脱硫性能。表 6.2 为纯 MnO$_2$及 MnO$_2$/NaY$-x$%的各项脱硫性能数据。由表 6.2 可知,随着 MnO$_2$负载量的逐渐提高,复合材料 MnO$_2$/NaY$-x$%的脱硫总容量不断增加,其中 MnO$_2$/NaY-41%与 MnO$_2$/NaY-53%的脱硫总容量高于纯 MnO$_2$,分别为 206.11 mg$_{SO_2}$/g$_{material}$ 与 215.74 mg$_{SO_2}$/g$_{material}$。在 MnO$_2$负载量由 20% 提升至 41% 的过程中,MnO$_2$/NaY$-x$%的 MnO$_2$转化率整体维持在 70% 左右,随着 MnO$_2$负载量的增加,转化率略有降低,但其整体降幅不大。当 MnO$_2$负载量提升至 53% 时,MnO$_2$/NaY-53%的 MnO$_2$转化率显著降低。由图 6.5 可知,将 MnO$_2$负载于 NaY 载体上制备的复合脱硫材料 MnO$_2$/NaY$-x$%的脱硫速率明显高于纯 MnO$_2$。随着 MnO$_2$负载量的逐渐升高,MnO$_2$/NaY$-x$%的平均脱硫速率 $\bar{v}$(反应前 1 h)先增大后减小,其中 MnO$_2$/NaY-41%的平均脱硫速率 $\bar{v}$ 最高,达到 114.56 mg$_{SO_2}$/(g$_{material}$·h)。

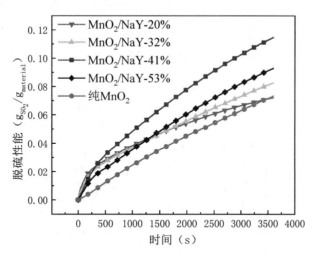

图 6.5　400℃时纯 MnO$_2$和 MnO$_2$/NaY$-x$%的脱硫性能

表 6.2　400℃ 时纯 MnO₂ 与 MnO₂/NaY－x% 的各项脱硫性能

样品	第 1 小时平均脱硫速率($\bar{v}$) $[mg_{SO_2}/(g_{material} \cdot h)]$	脱硫容量(吸附平衡) $(mg_{SO_2}/g_{material})$	MnO₂转化率 (%)
纯 MnO₂	73.37	198.51	26.99
MnO₂/NaY－20%	72.11	104.63	71.11
MnO₂/NaY－32%	82.69	155.74	66.16
MnO₂/NaY－41%	114.56	206.11	68.33
MnO₂/NaY－53%	92.78	215.74	55.34

　　MnO₂/NaY－x% 中的 MnO₂ 较纯 MnO₂ 拥有更多的介孔,其能够使得脱硫活性组分暴露出较多的具有脱硫活性的位点,因此纯 MnO₂ 的平均脱硫速率与 MnO₂ 转化率均低于 MnO₂/NaY－x%。在复合脱硫材料 MnO₂/NaY－x% 中,随着 MnO₂ 负载量的不断增加,MnO₂/NaY－x% 的孔容逐渐增大,内部活性位点不断增多,使得脱硫速率逐渐提升。当 MnO₂ 负载量增至 53% 时,MnO₂/NaY－53% 内部的珊瑚状 MnO₂ 转变为棒状 MnO₂,其内部介孔孔道发生堵塞,导致材料孔容变小,脱硫活性位点减少,平均脱硫速率降低。

　　MnO₂/NaY－41%、MnO₂/NaY－53% 与纯 MnO₂ 的脱硫容量总体相差不大,但就脱硫速率而言,MnO₂/NaY－41% 要明显强于 MnO₂/NaY－53% 与纯 MnO₂。因此,相较于 MnO₂/NaY－20%、MnO₂/NaY－32%、MnO₂/NaY－53% 以及纯 MnO₂,MnO₂/NaY－41% 更能满足船舶尾气特殊工况下的脱硫需求。

6.2.6　脱硫反应机理的研究

6.2.6.1　复合脱硫材料反应前后的 XPS 谱图分析

　　图 6.6 为脱硫反应前后复合脱硫材料 MnO₂/NaY－41% 的 Mn 2p 轨道扫描图以及脱硫反应后的 S 2p 轨道扫描图。如图 6.6(a)所示,MnO₂/NaY－41% 在脱硫反应前的 Mn 2p$_{\frac{3}{2}}$ 轨道处有一尖锐的强峰,其基本覆盖 MnO₂/NaY－41% 的 Mn 2p$_{\frac{1}{2}}$ 轨道。该峰的结合能为 641.50 eV,可对应为 Mn⁴⁺ 的特征衍射峰,因此,复合脱硫材料 MnO₂/NaY－41% 中沉积于 NaY 分子筛表面的锰氧化物可判定为 MnO₂;由图 6.6(b)可知,MnO₂/NaY－41% 在脱硫反应后的 Mn 2p$_{\frac{3}{2}}$ 轨道处的峰型与反应前的峰型明显不同,通过软件分峰拟合之后,发现存在结合能为

642.70 eV 的峰,其可对应为 Mn^{2+} 的特征衍射峰;由图 6.6(c)可知,在脱硫反应后,$MnO_2/NaY-41\%$ 的 S 2p 轨道处有一强峰,其结合能为 168.67 eV,可对应为 SO_4^{2-} 的特征衍射峰,表明整个脱硫反应过程为 MnO_2 吸收 SO_2 生成 $MnSO_4$。

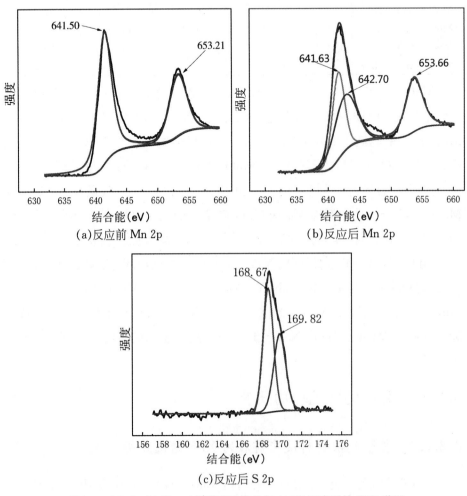

(a)反应前 Mn 2p

(b)反应后 Mn 2p

(c)反应后 S 2p

图 6.6　$MnO_2/NaY-41\%$ **脱硫反应前与** $400℃$ **反应后的 XPS 谱图**

6.2.6.2　$MnO_2/NaY-41\%$ 反应前后的 XRD 谱图分析

图 6.7 为 $MnO_2/NaY-41\%$ 在脱硫反应前以及在 $400℃$ 与 $500℃$ 反应后的 XRD 谱图。如图 6.7 所示,在 $400℃$ 和 $500℃$ 的反应后,复合脱硫材料 $MnO_2/NaY-41\%$ 的生成物中均检测到独属于 $MnSO_4$ 的特征衍射峰(JCPDS 29—

0898),表明脱硫反应过程中有 MnSO₄生成,该结论与 XPS 的分析结果一致。500℃反应后,MnO₂/NaY－41％的 XRD 谱图在拥有 MnSO₄特征衍射峰(JCPDS 29－0898)的基础上出现了独属于 Mn₃O₄的特征衍射峰(JCPDS 24－0734),表明当反应温度为 500℃时,MnO₂在吸附 SO₂生成 MnSO₄的同时也会产生 Mn₃O₄,由于 Mn₃O₄的脱硫速率较 MnO₂慢,因此复合脱硫材料 MnO₂/NaY－41％在 500℃时的脱硫速率可能会较400℃时的脱硫速率低。

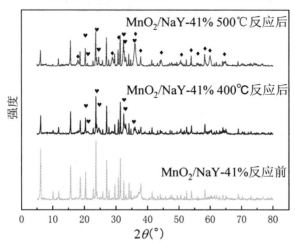

♥ MnSO₄的 XRD 特征峰　　◆ Mn₃O₄的 XRD 特征峰

图 6.7　MnO₂/NaY－41％脱硫反应前与 400℃及 500℃反应后的 XRD 谱图

6.2.7　脱硫温度对 MnO₂/NaY－41％脱硫性能的影响

图 6.8 为不同反应温度下测试的 MnO₂/NaY－41％的脱硫性能,表 6.3 为不同温度下 MnO₂/NaY－41％的脱硫性能数据。由图 6.8 及表 6.3 可知,MnO₂/NaY－41％的 MnO₂转化率、平均脱硫速率及脱硫容量均随着反应温度的升高而先增大后减小。当反应温度为 400℃时,MnO₂/NaY－41％的 MnO₂转化率达到 68.34％,拥有最高的平均脱硫速率与脱硫容量。当反应温度为500℃时,MnO₂/NaY－41％的平均脱硫速率与脱硫容量较 400℃时均有所下降,原因可解释为 500℃下 MnO₂失氧生成 Mn₃O₄导致的。当反应温度为200℃时,复合脱硫材料 MnO₂/NaY－41％的第 1 小时平均脱硫速率仅为23.87 mg_{SO2}/(g_{material}·h),是 400℃时的 20.84％,MnO₂转化率仅为 11.25％。

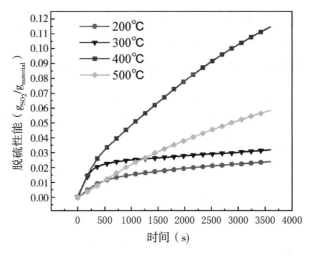

图 3.8 不同反应温度下 $MnO_2/NaY-41\%$ 的脱硫性能

表 6.3 不同反应温度下 $MnO_2/NaY-41\%$ 的各项脱硫性能

温度	第 1 小时平均脱硫速率(v) [$mg_{SO_2}/(g_{material} \cdot h)$]	脱硫容量(吸附平衡) ($mg_{SO_2}/g_{material}$)	MnO_2 转化率 （%）
200℃	23.87	33.92	11.25
300℃	31.82	45.62	15.13
400℃	114.56	206.11	68.34
500℃	58.27	132.38	43.89

6.2.8 不同反应温度下纯 MnO_2 与 $MnO_2/NaY-41\%$ 的脱硫性能

使用容量法测试纯 NaY 分子筛在 200℃～500℃ 温度条件下的脱硫性能,实验结果表明,纯 NaY 分子筛在 200℃～500℃ 的温度范围内不吸收 SO_2,该结果与 Dragan 和 Marcu 等的实验结果一致。图 6.9 为不同反应温度下纯 MnO_2 和 $MnO_2/NaY-41\%$ 的脱硫性能对比,由图 6.9 可知,添加载体材料 NaY 分子筛制备的 $MnO_2/NaY-41\%$ 在反应前 1 h 的 SO_2 吸附量以及脱硫速率远大于纯 MnO_2。当脱硫温度为 300℃ 与 400℃ 时,复合脱硫材料 $MnO_2/NaY-41\%$ 的脱硫性能较纯 MnO_2 分别提高了 28.3% 与 56.1%。表 6.4 为参考文献中的传统干式脱硫材料与本书制备的复合材料 $MnO_2/NaY-41\%$ 的脱硫容量对比数据,通过表 6.4 的对比可知,复合脱硫材料 $MnO_2/NaY-41\%$ 相较于多数传统干式脱硫材料,在脱硫容量方面有着显著的优势。因此,通过使用 NaY 分子筛为载体,MnO_2 为活性组分,以沉淀法制备的 $MnO_2/NaY-41\%$ 可有效改善纯 MnO_2 的各项脱硫性能。复合脱硫材料 $MnO_2/NaY-41\%$ 在 200℃~400℃温度范围内拥有高效的脱硫性能,有望满足船舶尾气中低温、高空速、高硫浓度等特殊工况下的脱硫需求。

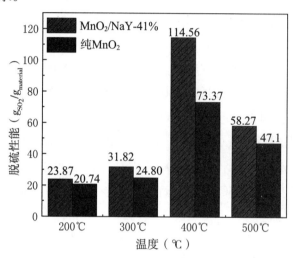

图 6.9　不同反应温度下 $MnO_2/NaY-41\%$、纯 MnO_2 脱硫性能对比

表 6.4　$MnO_2/NaY-41\%$ 与参考文献中脱硫材料的脱硫容量对比

材料	比表面积	脱硫容量	反应条件		最佳反应温度
		$(mg_{SO_2}/g_{material})$	SO₂浓度(ppm)	平衡气	(℃)
CaO	10	36	250	空气	325
Ca(OH)₂	16.4	32	250	空气	325
MgO	143	20	250	空气	325
ZrO₂	95.7	16	250	空气	325
TiO₂	120	36	常压,纯 SO₂	无	室温
CuO—CeO₂	165	27	3600	氮气	500
CuO/AC	844	44	200	氮气	250
CuO/γ—Al₂O₃	166	115	1500	氩气	400
CuO/Y	—	160	3400	空气	450
MnO₂/AC	278	65.6	500	氮气	200
MnO₂/NaY—41%	500	206	40 Pa,纯 SO₂	无	400

6.3　本章小结

(1)XRD 谱图分析与扫描电子显微镜观测表明,使用沉淀法可较好地将 MnO_2 均匀负载于 NaY 分子筛的表面。复合脱硫材料 $MnO_2/NaY-x\%$ 的反应前 1 h 平均脱硫速率高达 114.56 $mg_{SO_2}/(g_{material} \cdot h)$,较纯 MnO_2 提高了 56.1%。

(2)复合脱硫材料 $MnO_2/NaY-x\%$ 中,$MnO_2/NaY-41\%$ 拥有最好的脱硫性能;且 $MnO_2/NaY-41\%$ 在 400℃时达到最佳的脱硫性能,$MnO_2/NaY-41\%$ 在 200℃下的第 1 小时脱硫量仅为 400℃时的 20.84%。

(3)复合脱硫材料 $MnO_2/NaY-x\%$ 中,材料的孔容越大,其脱硫性能越好;多孔珊瑚状的 MnO_2 比棒状的 MnO_2 拥有更好的脱硫性能;在整个脱硫反应中,MnO_2 吸收 SO_2 生成 $MnSO_4$;500℃时,MnO_2 会失氧生成 Mn_3O_4,导致材料整体的脱硫性能下降。

第 7 章　多种无载体 MnO_x 的制备及其脱硫性能的研究

常规金属氧化物材料通过添加载体可以提高分散度,能够起到增加比表面积、改善孔道结构的作用。但由于活性组分负载量的限制,通常的负载型脱硫剂不能兼顾高硫容与高活性组分利用率两方面的优点。因为高活性的负载型脱硫剂所含有的活性组分较少,其在脱硫过程中吸附二氧化硫的容量会较低。船舶尾气脱硫装置在运行过程之中需要经常更换脱硫剂,过程烦琐耗时且不经济,此外船舶如携带大量脱硫剂会占用运输空间,使船舶运输的经济性下降。

为了改善常规 MnO_x 脱硫活性低以及常见 MnO_x 负载型脱硫剂脱硫容量低的问题,满足船舶尾气中低温、高硫浓度工况下的快速脱硫需求,本章采用模板法、沉淀法、球磨法、直接焙烧法、微波法制备不同结构形貌的无载体 MnO_x 用于尾气脱硫,并与购买的商业 MnO_2 进行对比,书中分别以 $tp-MnO_x$、$pc-MnO_x$、$bm-MnO_x$、$mw-MnO_x$、$cd-MnO_x$、$cm-MnO_x$ 表示。通过扫描电子显微镜、氮气吸附脱附法、X 射线衍射、X 射线光电子能谱、热重分析等手段对多种方法制备的无载体 MnO_x 脱硫材料进行物理化学结构表征;使用热重法测试各类无载体 MnO_x 材料的脱硫性能;考察不同制备方法、MnO_x 结构晶型以及反应温度对材料脱硫性能的影响。

7.1　无载体 MnO_x 材料的制备

7.1.1　模板法制备 MnO_x（$tp-MnO_x$）

取适量硝酸锰四水合物[$Mn(NO_3)_2 \cdot 4H_2O$]溶解于乙醇中,制成金属离子浓度为 1 mol/L 的溶液。KIT-6 分子筛在 100℃真空环境下预处理12 h,取 1

个 5 mL 烧杯,加入 1 g 分子筛,滴入溶液 2.0 mL,低温真空浸渍 5 h。70℃真空干燥 2 h 后,氧气氛下焙烧 4 h,自然降温。将样品重新加入小烧杯中,各加入 1.5 mL 溶液。重复浸渍和焙烧步骤。样品两次浸渍后,加入 2 mol/L 的 NaOH 溶液溶解 KIT-6 分子筛,过滤洗涤至滤出液 pH=7,干燥研磨,筛取粒径小于 100 目的颗粒,制得 tp-MnO_x。

7.1.2 沉淀法制备 MnO_x(pc-MnO_x)

称取一定量乙酸锰四水合物加入 100 mL 去离子水中,使用磁力搅拌器在室温下搅拌使其溶解,制得 1 mol/L 的硝酸锰溶液。使用恒压滴液漏斗加入定量的高锰酸钾溶液,保持磁力搅拌反应 24 h;真空抽滤,滤饼经 120℃干燥 12 h、研磨过筛,取小于 100 目的颗粒,400℃氧气氛中焙烧 4 h,自然降温,制得 pc-MnO_x。

7.1.3 球磨法制备 MnO_x(bm-MnO_x)

称取定量的乙酸锰四水合物与高锰酸钾分别以摩尔比为 2:3 的形式混合后加入球磨罐中,使用氧化锆磨球,球料比 10:1,转速 500 r/min,球磨 5 h 后,使用去离子水清洗球磨罐与磨球,使生成的 MnO_2 分散于去离子水中,真空抽滤,滤饼经大量去离子水清洗后,于 120℃干燥 12 h、研磨过筛,取小于 100 目的颗粒,400℃氧气氛中焙烧 4 h,自然降温,制得 bm-MnO_x。

7.1.4 微波法制备 MnO_x(mw-MnO_x)

称取适量的分析纯硝酸锰四水合物加入陶瓷方舟中,使用微波炉在空气氛中直接微波照射制备 mw-MnO_x,反应过程持续 5 min,自然降温,将所得产物研磨过筛,取小于 100 目的颗粒,使用管式炉在氧气氛 400℃下直接焙烧硝酸锰六水合物 4 h,自然降温,制得 mw-MnO_x。

7.1.5 直接焙烧法制备 MnO_x(cd-MnO_x)

称取适量的分析纯硝酸锰四水合物加入陶瓷方舟中,使用管式炉在氧气氛下 400℃直接焙烧硝酸锰六水合物 4 h,自然降温,将产物研磨过筛,取小于 100 目的颗粒,制得 cd-MnO_x。

7.2　实验结果与讨论

7.2.1　MnO$_x$ 晶体结构的分析

MnO$_2$ 的结构框架由基本的 MnO$_6$ 八面体单元组成,MnO$_6$ 八面体单元以不同的方式连接,形成不同结晶态的 MnO$_2$。MnO$_6$ 八面体单元顶点和边的不同共享方式,使得 MnO$_2$ 有着一维、二维和三维三种不同的隧道结构。如图 7.1 所示,α—MnO$_2$ 主要以正方形(2×2)的隧道结构存在;β—MnO$_2$ 主要以锐钛矿型的正方形(1×1)孔道结构存在,其相对于其他 MnO$_2$ 的结构而言更稳定。γ—MnO$_2$ 拥有(1×1)和(2×1)的交替孔道结构,这是斜锰矿与软锰矿的不规则交互生长导致的。这种隧道结构不仅使该型的 MnO$_2$ 非常不稳定,而且其隧道易崩塌形成其他晶型的 MnO$_2$。此外,这种晶体结构的不稳定使得 γ—MnO$_2$ 的 XRD 特征衍射峰相较于 α—MnO$_2$、β—MnO$_2$ 表现得更宽和更弱。

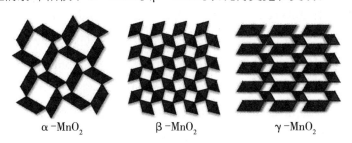

$$\alpha\text{-MnO}_2 \qquad\qquad \beta\text{-MnO}_2 \qquad\qquad \gamma\text{-MnO}_2$$

图 7.1　α—MnO$_2$、β—MnO$_2$ 和 γ—MnO$_2$ 的晶型结构对比

图 7.2 为五种不同方法制备的无载体 MnO$_x$ 与购于阿拉丁(上海)有限公司的商业 MnO$_2$ 的 XRD 谱图。由图 7.2 可知,模板法制备的 tp—MnO$_x$ 主要表现为 γ—MnO$_2$(JCPDS 44-0412,斜方晶系,Pnma,$a=0.94$,$b=0.28$,$c=0.45$ nm)。tp—MnO$_2$ 在 2θ 为 29.1°,37.4°,42.8°和 56.8°的特征衍射峰可分别对应 γ—MnO$_2$ 的(120),(131),(300)和(160)晶面。但 tp—MnO$_2$ 的特征衍射峰较为宽泛低平,趋向于无定形的 MnO$_2$,表明三维有序的孔道结构使得脱硫材料的颗粒粒径小,分散程度好。

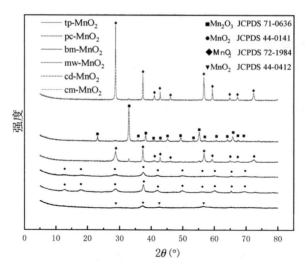

图 7.2 5 种不同方法制备的无载体 MnO$_x$ 与购买的商业 MnO$_2$ 的 XRD 谱图

利用沉淀法和球磨法制备的 pc－MnO$_x$ 与 bm－MnO$_x$ 晶型结构一致,均为隐锰钾矿型的 α－MnO$_2$(JCPDS 44－0141,四方晶系,I4/m,$a=b=0.98$ nm,$c=0.29$ nm)。这可能是由于沉淀法和球磨法制备的二氧化锰均来自高锰酸钾与乙酸锰的氧化还原反应。其 2θ 为 12.8°、18.1°、28.7°、37.6°、41.9°、49.8°、56.4°和 60.4°的特征衍射峰可分别对应 α－MnO$_2$ 的(110)、(200)、(310)、(211)、(301)、(411)、(600)和(521)晶面。球磨法制备的 bm－MnO$_x$ 较沉淀法制备的 pc－MnO$_x$ 的衍射强度略低,说明 pc－MnO$_x$ 的结晶度优于 bm－MnO$_x$。

微波法制备的 mw－MnO$_x$ 主要表现为 Mn$_2$O$_3$(JCPDS 71－0636,立方晶系,Ia－3,$a=b=c=0.94$ nm)。其 2θ 为 23.1°、32.9°、38.2°、49.3°、55.1°和 65.7°的特征衍射峰可分别对应 Mn$_2$O$_3$ 的(211)、(222)、(400)、(431)、(440)和(622)晶面。

直接焙烧法制备的 cd－MnO$_x$ 与商业购买的 cm－MnO$_2$ 的主要特征衍射峰一致,均为软锰矿型的 β－MnO$_2$(JCPDS 72－1984,四方晶系,P42/m,$a=b=0.44$ nm,$c=0.29$ nm)。其 2θ 为 28.7°、37.5°、42.9°、56.8°、59.5°、72.5°和 72.6°的特征衍射峰分别对应 β－MnO$_2$ 的(110)、(101)、(111)、(211)、(220)、(301)和(112)晶面。直接焙烧法制备的 cd－MnO$_x$ 中除含有 β－MnO$_2$ 外,也含有少量 Mn$_2$O$_3$,其晶型结构与微波法合成的 mw－MnO$_x$ 中的 Mn$_2$O$_3$ 结构一致。商业购买的 MnO$_2$ 峰型较窄,强度较高,说明其结晶度较高,晶粒较大。

7.2.2　MnO_x 表观形貌的分析

图 7.3 为五种不同方法制备的无载体 MnO_x 和购于阿拉丁(上海)有限公司的商业 MnO_2 的 SEM 图。图中(a)(b)(c)(d)(e)(f)分别为 tp－MnO_x、pc－MnO_x、bm－MnO_x、mw－MnO_x、cd－MnO_x 和 cm－MnO_x 的全景形态。由图 7.3 可知,模板法制备的 tp－MnO_x 的结构十分规则整齐,其在三维空间上拥有着点阵有序排列的孔洞网格,孔道内部相互贯通,孔洞大小、形状一致,整齐有

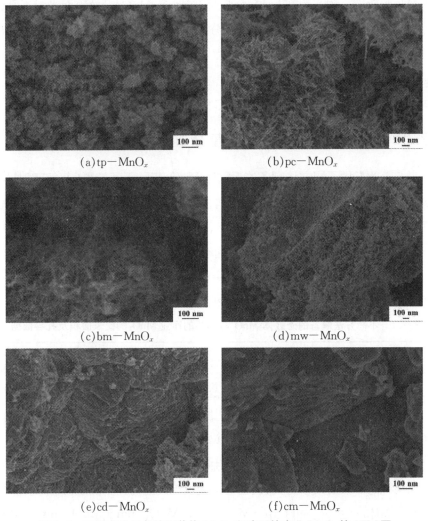

(a)tp－MnO_x　　　　　　　　(b)pc－MnO_x

(c)bm－MnO_x　　　　　　　　(d)mw－MnO_x

(e)cd－MnO_x　　　　　　　　(f)cm－MnO_x

图 7.3　不同方法制备的无载体 MnO_x 和购买的商业 MnO_2 的 SEM 图

序,晶粒高度分散,单个 MnO_x 颗粒的大小在 10 nm 左右。沉淀法制备的 pc—MnO_x 主要以纳米棒状的结构形式存在,结晶程度较高,其 MnO_x 的纳米棒长度为 100～200 nm。球磨法制备的 bm—MnO_x 的主要结构形式为纳米线,长度为 50～100 nm,长度大小较为均匀,线与线之间无序堆积,疏松多孔。微波法制备的 mw—MnO_x 呈现出多孔泡沫状的结构形态,样品颗粒大小在 10 nm 左右,颗粒与颗粒之间分散均匀。直接焙烧法制备的 cd—MnO_x 由大块的 MnO_x 颗粒组成,样品之间分散程度较差,大块 MnO_x 颗粒表面虽含有较多的孔道,但颗粒本身仍然较为致密。购买的商业 MnO_2 颗粒最大,其 MnO_2 颗粒表面光滑无孔,结晶程度较高,晶粒较大,这与 XRD 谱图分析中呈现的其峰型较窄,且强度较高的分析结果一致。

不同方法制备的 MnO_x 的表面形貌区别明显,这表明制备方法对 MnO_x 的结构与形态有着极大的影响。

7.2.3 MnO_x 比表面积及孔径分布的分析

表 7.1 为五种不同方法制备的无载体 MnO_x 与购于阿拉丁(上海)有限公司的商业 MnO_2 的比表面积和孔容数据。图 7.4 为这六种 MnO_x 的氮气吸附脱附曲线图及孔径分布图。由表 7.1 可知,六种锰氧化物的比表面积与孔体积并无一一对应关系,球磨法制备的 MnO_2 拥有最大的比表面积,其比表面积达到 153.47 m^2/g,但其孔体积却小于模板法制备的 tp—MnO_x 与沉淀法制备的 pc—MnO_x。商业 MnO_2 的比表面积及孔体积均最小。

表 7.1 不同方法制备的无载体 MnO_x 与购买的商业 MnO_2 的比表面积及孔容数据

样品	tp—MnO_x	pc—MnO_x	bm—MnO_x	mw—MnO_x	cd—MnO_x	cm—MnO_x
比表面积(m^2/g)	139.366	73.826	153.468	10.684	3.548	1.845
总孔容(cc/g)	0.4614	0.4628	0.4116	0.09468	0.02186	0.007433

图 7.4(a)是不同 MnO_x 的氮气吸附脱附等温线图。由图中可以看出,tp—MnO_x、pc—MnO_x、bm—MnO_x、mw—MnO_x 在 P/P_0 为 0.6～1.0 的区域出现脱附吸附等温线不重合,出现滞后环产生吸附滞后现象。研究表明,这种吸附滞后现象与孔的形状及大小有关,该型等温线属于典型的Ⅳ型曲线,Ⅳ型等温线一般由介孔固体产生。这表明,tp—MnO_x、pc—MnO_x、bm—MnO_x、mw—MnO_x 的内部含有一部分介孔。

球磨法制备的 $bm-MnO_x$ 在与 $tp-MnO_x$、$pc-MnO_x$ 和 $mw-MnO_x$ 的吸附脱附等温线对比中存在明显不同。其在 P/P_0 为 0.6～1.0 间出现 H1 型迟滞环,在较高的 P/P_0 区,吸附质会产生毛细管凝聚,使得等温线快速上升。当吸附质所有的孔均发生凝聚后,吸附现象将只在材料的外表面发生,使得等温曲线平坦。H1 型迟滞环一般由均匀大小且形状规则的孔造成,常可在孔径分布相对较窄的介孔材料中观察到。这表明球磨法制备的 $bm-MnO_x$ 的颗粒较为均匀,内部孔道大小分布均匀。利用 BJH 模型,由吸附—脱附等温线计算各 MnO_x 的孔径分布。如图 7.4(b)所示,$bm-MnO_x$ 的孔径分布集中在 10～20 nm,孔径分布呈现狭窄的介孔结构,与吸附脱附等温线的分析结果一致。使用 BET 方法测得 $bm-MnO_x$ 的比表面积和孔容分别为 153.47 m^2/g 和 0.4116 cc/g。

利用模板法、沉淀法、微波法制备的 MnO_x 的吸附脱附等温线虽也属于典型的Ⅳ型曲线,但其呈现的迟滞环却是 H3 型,H3 型迟滞环一般在有较多大孔的材料中常见。因其在高的 P/P_0 区,吸附质产生毛细管凝聚,使得其等温线快速上升。当相对压力接近 1 时,由于会在大孔上继续吸附,所以其吸附曲线不会像 H1 型趋于平坦,而是继续上升,这表明 $tp-MnO_x$、$pc-MnO_x$、$mw-MnO_x$ 内含有一定数量的大孔。利用 BJH 方法对模板法、沉淀法、微波法制备的 MnO_x 进行孔径分布计算,结果如图 7.4(b)所示,表明 $tp-MnO_x$、$pc-MnO_x$、$mw-MnO_x$ 的内部确实含有一定数量的大孔,与氮气吸附脱附等温线的分析结果一致。使用 BET 方法计算可知,$tp-MnO_x$、$pc-MnO_x$、$mw-MnO_x$ 的比表面积分别为 139.37 m^2/g、73.83 m^2/g 和 10.68 m^2/g,孔容分别为 0.4614 cc/g、0.4628 cc/g 和 0.0947 cc/g。

直接焙烧法制备的 MnO_x 与商业 MnO_x 的内部孔道较少,氮气吸附脱附等温线与孔径分布图不能较好地反映其内部孔道分布情况。直接焙烧法制备的 $cd-MnO_x$ 的比表面积与孔容分别为 3.548 m^2/g、0.02186 cc/g。商业 MnO_x 的比表面积与孔容仅为 1.845 m^2/g 和 0.007433 cc/g,这表明商业 MnO_x 的表面及内部基本无孔,与 SEM 的形貌观测结果一致。

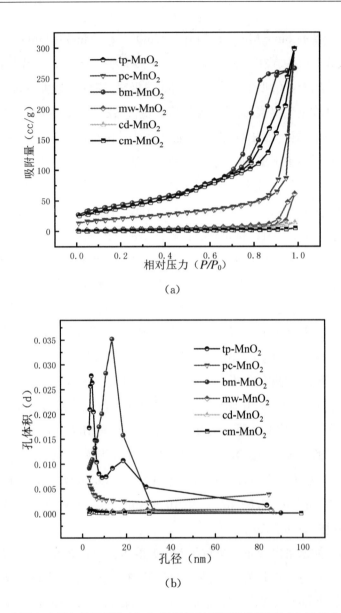

（a）

（b）

图 7.4 不同方法制备的无载体 MnO_x 的氮气吸附脱附曲线图（a）与孔径分布图（b）

7.2.4 MnO_x 表面组成的研究

利用 XPS 分析可以提供样品的结合能和表面原子组成信息。本节对 tp－MnO_x、pc－MnO_x、bm－MnO_x、mw－MnO_x、cd－MnO_x、cm－MnO_x 的样品进行了 XPS 表征。图 7.5 显示了这六种样品的 Mn 2p XPS 谱峰，由图 7.5 可知，

Mn 2p$_{\frac{3}{2}}$ 的峰主要分布在 640.0～648.0 eV 的范围内。使用 Avantage 软件对 Mn 的 2p$_{\frac{3}{2}}$ 峰进行分峰拟合,由已有的研究可知,锰在 MnO、Mn$_2$O$_3$ 和 MnO$_2$ 中的结合能值分别为 640.3～640.9eV、641.4～642.0 eV 和 642.4～643.2 eV。对应图 7.5 可知,六种 MnO$_x$ 的表面 Mn 元素均含有 Mn^{2+}、Mn^{3+} 和 Mn^{4+} 三种锰的价态。

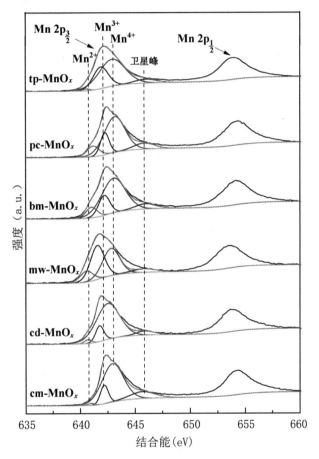

图 7.5　不同方法制备的无载体 MnO$_x$ 的 XPS 谱图

使用以下公式可计算 Mn^{4+} 在样品表面的含量百分比:

$$R=\frac{S_{Mn^{4+}}}{S_{Mn^{4+}}+S_{Mn^{3+}}+S_{Mn^{2+}}} \tag{7.1}$$

式中,$S_{Mn^{4+}}$ 为 Mn 2p$_{\frac{3}{2}}$ 中 Mn^{4+} 对应的峰面积;$S_{Mn^{3+}}$ 为 Mn 2p$_{\frac{3}{2}}$ 中 Mn^{3+} 对应的峰面积;$S_{Mn^{2+}}$ 为 Mn 2p$_{\frac{3}{2}}$ 中 Mn^{2+} 对应的峰面积。

计算结果见表 7.2。由表 7.2 可知，tp－MnOₓ、pc－MnOₓ、bm－MnOₓ、cd－MnOₓ 和 cm－MnOₓ 中的 Mn^{4+} 含量最高，故其在 XRD 谱图中表现出 MnO_2 的晶体结构形态；mw－MnOₓ 中的 Mn_2O_3 含量最高，故其 XRD 谱图中主要为 Mn_2O_3 的特征衍射峰。XPS 与 XRD 的表征结果基本一致。六种 MnOₓ 表面的 Mn^{4+} 含量满足以下关系：cd－MnOₓ＞cm－MnOₓ＞bm－MnOₓ＞pc－MnOₓ＞tp－MnOₓ＞mw－MnOₓ。

表 7.2　不同方法制备的无载体 MnOₓ 表面的 Mn^{4+}、Mn^{3+} 及 Mn^{2+} 分布

样品	Mn^{4+}（%）	Mn^{3+}（%）	Mn^{2+}（%）
tp－MnOₓ	67.11	31.54	1.34
pc－MnOₓ	69.93	18.18	11.89
bm－MnOₓ	70.92	19.15	9.93
mw－MnOₓ	42.92	44.25	12.83
cd－MnOₓ	84.03	13.45	2.52
cm－MnOₓ	83.33	15.00	1.67

7.2.5　MnOₓ 热稳定性的研究

图 7.6 是 tp－MnOₓ、pc－MnOₓ、bm－MnOₓ、mw－MnOₓ、cd－MnOₓ、cm－MnOₓ 的热重曲线图。如图 7.6 所示，各 MnOₓ 在 50℃～200℃ 范围内均有小幅度的失重，这是因为 MnOₓ 有一定强度的吸水性，样品暴露在空气中，易吸收空气中的水蒸气，样品在 50℃～200℃ 范围内的失重可对应样品中水分的蒸发。各样品失重顺序满足以下关系：tp－MnOₓ＞pc－MnOₓ＞bm－MnOₓ＞mw－MnOₓ＞cd－MnOₓ＞cm－MnOₓ。对比表 7.1 中各材料的比表面积可知，MnOₓ 对水分子的物理吸附能力与材料的比表面积成正比。tp－MnOₓ 的比表面积小于 bm－MnOₓ，但其水分子的物理吸附能力却强于 bm－MnOₓ，表明 γ－MnO₂ 相较于 α－MnO₂ 拥有更强的物理吸附能力，这可能与 γ－MnO₂ 特殊的隧道结构有关。tp－MnOₓ、pc－MnOₓ 与 bm－MnOₓ 在 200℃～300℃ 范围内的失重，可理解为 γ－MnO₂ 与 α－MnO₂ 转化为 β－MnO₂ 所致，γ－MnO₂ 的失重程度大于 α－MnO₂，表明 β－MnOₓ、α－MnO₂ 与 γ－MnO₂ 的热稳定性满足以下顺序：β－MnOₓ＞α－MnO₂＞γ－MnO₂，与 XRD 的分析结果一致。400℃～600℃ 的两阶段失重可认为是 MnO_2 失氧生成 Mn_3O_4 再至 Mn_2O_3 的过

程,700℃~800℃阶段可认为是 Mn_2O_3 在高温下失去 O,生成 MnO 所致。

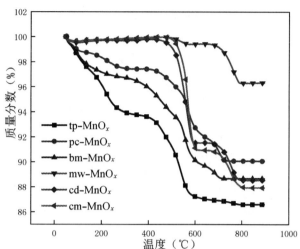

图 7.6　不同方法制备的无载体 MnO_x 的热重曲线图

7.2.6　制备方法对无载体 MnO_x 脱硫性能的影响

图 7.7 为热重法测试的 $tp-MnO_x$、$pc-MnO_x$、$bm-MnO_x$、$mw-MnO_x$、$cd-MnO_x$、$cm-MnO_x$ 在 1000 ppm SO_2＋5% O_2＋N_2 的气氛条件下于 400℃时的脱硫性能对比,表 7.3 为这六种 MnO_x 的详细脱硫容量与反应前 1 h 的平均脱硫速率。由图 7.7 可知,六种 MnO_x 的脱硫容量按 $tp-MnO_x$、$pc-MnO_x$、$bm-MnO_x$、$mw-MnO_x$、$cd-MnO_x$、$cm-MnO_x$ 的排列顺序依次下降。模板法制备的 $tp-MnO_x$ 相较于其他五种 MnO_x 拥有最高的脱硫速率与脱硫容量。其总脱硫容量达到了 630.6 $mg_{SO_2}/g_{material}$。沉淀法与球磨法制备的 $pc-MnO_x$ 与 $bm-MnO_x$ 的脱硫性能相近,脱硫容量分别为 446.0 $mg_{SO_2}/g_{material}$ 与 395.8 $mg_{SO_2}/g_{material}$。微波法的脱硫容量为 206.6 $mg_{SO_2}/g_{material}$。直接煅烧法制备的 $cd-MnO_x$ 与 $cm-MnO_x$ 的脱硫速率极慢,脱硫容量极低,分别为 71.4 $mg_{SO_2}/g_{材料}$ 与 61.9 $mg_{SO_2}/g_{material}$。

根据 XRD(图 7.2)、扫描电镜(图 7.3)以及比表面积与孔径分析(图 7.4)可知,$cd-MnO_x$ 与 $cm-MnO_x$ 的颗粒尺寸较大,且其材料内部孔道较少或基本无孔,在脱硫反应过程中,MnO_x 与 SO_2 的接触面积较小,且能参与脱硫反应的脱硫活性位点少。这是 $cd-MnO_x$ 与 $cm-MnO_x$ 脱硫性能较差的直接原因。$cd-MnO_x$ 较 $cm-MnO_x$ 的孔道稍丰富,因此 $cd-MnO_x$ 的脱硫性能稍好于 $cm-$

MnO_x。但 $tp-MnO_x$、$pc-MnO_x$、$bm-MnO_x$ 的比表面积与孔容分析对比中，$tp-MnO_x$ 的比表面积与孔容均不是最大，其脱硫性能却最好。这表明 MnO_x 的脱硫性能受比表面积及孔径的影响，但不仅仅由材料的比表面积与孔容大小决定。

MnO_x 吸收 SO_2 在本质上是 MnO_x 与 SO_2 发生反应生成 $MnSO_4$，$MnSO_4$ 的体积大于 MnO_x 的体积，因此在脱硫反应过程中，吸收 SO_2 生成的 $MnSO_4$ 会逐渐堵塞 MnO_x 的内部孔道，这在一定程度上会减缓 SO_2 向脱硫材料内部的扩散。即在脱硫反应过程中，MnO_x 吸附 SO_2 将面临逐渐增大的内扩散和反应产物层扩散两方面的影响。研究表明，大孔结构可以有效地减弱脱硫过程中产物堵塞脱硫剂孔道的不利影响，且大孔结构在一定程度上还有利于脱硫反应的稳定。因此，$tp-MnO_x$ 与 $pc-MnO_x$ 的比表面积虽较 $bm-MnO_x$ 小，但其相较于 $bm-MnO_x$ 拥有大量的大孔结构，在有效地分散活性组分的同时减少 SO_2 与脱硫材料之间的扩散阻力，加强了脱硫剂的传质效果，因此 $tp-MnO_x$ 与 $pc-MnO_x$ 的脱硫性能强于 $bm-MnO_x$。$bm-MnO_x$ 虽有较大的比表面积，但其脱硫反应活性和材料利用率得不到很大程度的提升，根本原因是其孔隙结构不理想以及脱硫反应过程中气固相之间传质不佳导致的。$tp-MnO_x$ 脱硫剂与 $pc-MnO_x$ 相比，拥有三维有序的立体孔道结构，其孔道之间相互贯通，孔洞大小、尺寸一致。其在为气固相传质提供更加便利的通道，削弱气体的扩散阻力的同时，也使得 $tp-MnO_x$ 的晶粒高度分散，比表面积提高，脱硫活性位点增多，因此 $tp-MnO_x$ 的脱硫性能强于 $pc-MnO_x$。

此外，还有研究表明，MnO_2 的晶型结构会对 MnO_2 的各项氧化还原性能有所影响。一般情况下，α、β、γ 三种晶型的稳定性满足以下关系：$\beta-MnO_2 > \alpha-MnO_2 > \gamma-MnO_2$，$MnO_x$ 吸收 SO_2 的化学反应为氧化还原反应，MnO_2 晶体结构的不稳定会有助于 MnO_2 吸收 SO_2。因此，据此推测 α、β、γ 三种晶型的 MnO_2 的脱硫性能满足以下关系：$\gamma-MnO_2 > \alpha-MnO_2 > \beta-MnO_2$。根据 XRD 谱图的分析，$tp-MnO_x$ 主要为 $\gamma-MnO_2$，$pc-MnO_x$ 与 $bm-MnO_x$ 主要为 $\alpha-MnO_2$，$cd-MnO_x$ 与 $cm-MnO_x$ 主要为 $\beta-MnO_2$，因此六种 MnO_x 的脱硫性能满足 $tp-MnO_x > pc-MnO_x > bm-MnO_x > mw-MnO_x > cd-MnO_x > cm-MnO_x$。

研究还表明，在 Mn^{2+}、Mn^{3+} 和 Mn^{4+} 的三种价态中，高氧化态的锰物种在锰基催化剂中的氧化还原性能最好。MnO_2、Mn_2O_3 和 MnO 的脱硫性能也满足以下关系：$MnO_2 > Mn_2O_3 > MnO$。由表 7.2 可知，六种 MnO_x 表面的 Mn^{4+} 含量满足以下关系：$cd-MnO_x > cm-MnO_x > bm-MnO_x > pc-MnO_x > tp-MnO_x > mw-MnO_x$。但其脱硫性能却不满足以上关系，充分说明 MnO_x 的脱硫性能是由材料的整体孔道结构（比表面积、孔容及孔分布）、材料中 Mn^{4+} 含量以及活性组分晶型结构等多方面的因素共同影响的。

$tp-MnO_x$ 虽然相较于 $pc-MnO_x$、$bm-MnO_x$、$cd-MnO_x$ 及 $cm-MnO_x$ 的 Mn^{4+} 含量略低，但其在影响扩散系数的整体材料孔道结构（比表面积、孔容及孔分布）和影响反应速率的活性组分晶型结构两方面均有着极大的优势，因此总体的脱硫速率与脱硫容量最高，$tp-MnO_x$ 相较于其余五种 MnO_x 更能满足船舶尾气特殊脱硫工况下的脱硫需求。

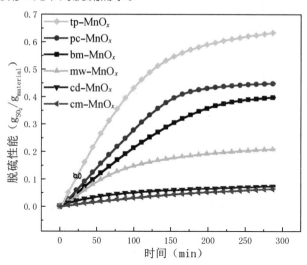

图 7.7　400℃ 时不同方法制备的无载体 MnO_x 的脱硫性能

表 7.3　400℃ 时不同方法制备的无载体 MnO_x 的各项脱硫性能

样品	脱硫速率（吸附前 1 h）（$g_{SO_2}/g_{material}$）	脱硫容量（吸附平衡）（$g_{SO_2}/g_{material}$）
$tp-MnO_x$	0.2833	0.6306
$pc-MnO_x$	0.1686	0.4460
$bm-MnO_x$	0.1309	0.3958
$mw-MnO_x$	0.1043	0.2066

样品	脱硫速率(吸附前 1 h) ($g_{SO_2}/g_{material}$)	脱硫容量(吸附平衡) ($g_{SO_2}/g_{material}$)
cd－MnO_x	0.0386	0.0714
cm－MnO_x	0.0193	0.0619

7.2.7　反应温度对 tp－MnO_x 脱硫性能的影响

图 7.8 为热重法装置测试的 tp－MnO_x 在不同反应温度下的脱硫性能,表7.4 为 tp－MnO_x 在不同温度下的各项脱硫性能。由图 7.8 与表 7.4 可知,随着反应温度的升高,tp－MnO_x 的吸附前 1 h 平均脱硫速率先增大后减小,400℃时,tp－MnO_x 对 SO_2 有着极快的吸附速率。其反应 1 h 内的 SO_2 吸附量就可高达 283.32 $mg_{SO_2}/g_{material}$,占总脱硫容量的 45%。有研究表明,γ－MnO_2 在高温时极不稳定,容易转变晶体结构形态生成 β－MnO_2。因此,β－MnO_2 的晶体结构较为稳定,其氧化还原能力较 γ－MnO_2 低,tp－MnO_x 中的大量 γ－MnO_2 转变为 β－MnO_2 会导致 tp－MnO_x 捕获 SO_2 的速率下降。此外,有研究表明,500℃的高温下 MnO_2 易分解生成 Mn_3O_4、Mn_2O_3 或 MnO 等,Mn_3O_4、Mn_2O_3 及MnO 的表面氧含量较低,其在捕获 SO_2 生成 $MnSO_4$ 时反应速率下降。因此,tp－MnO_x 在 500℃的脱硫速率下降可认为是 tp－MnO_x 中的 γ－MnO_2 转变为β－MnO_2 以及 MnO_2 高温分解失氧共同导致的。

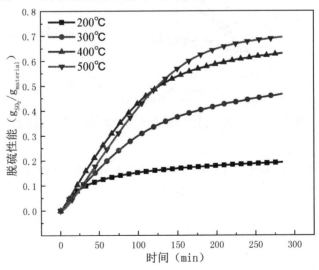

图 7.8　不同反应温度下 tp－MnO_x 的脱硫性能

当反应温度为 500℃时,尽管 tp－MnO_x 的脱硫速率下降,但其吸附 SO_2 的能力没有丧失。因为 MnO_x 与 SO_2 的反应是吸热反应,所以在高温作用下,MnO_x 与 SO_2 的反应更加充分,使得 tp－MnO_x 的脱硫容量升高。

200℃时,tp－MnO_x 的脱硫容量为 192.83 $mg_{SO_2}/g_{material}$,仅为 500℃时脱硫容量的 27.78%。这表明尾气温度对 tp－MnO_x 的脱硫性能影响极大。远洋船舶的尾气排放温度一般在 400℃左右,tp－MnO_x 在 300℃～500℃温度区间内的高效脱硫性能有望满足船舶尾气中低温、高空速、高硫浓度工况下的深度脱硫需要。

表 7.4　不同反应温度下 tp－MnO_x 的各项脱硫性能

温度	脱硫速率(吸附前 1 h) $[mg_{SO_2}/(g_{material} \cdot h)]$	脱硫容量(吸附平衡) $(mg_{SO_2}/g_{material})$
200℃	128.56	192.83
300℃	199.01	465.72
400℃	283.32	629.46
500℃	245.52	694.08

7.3　本章小结

(1)使用模板法、沉淀法、球磨法、微波法、直接焙烧法成功制备了五种拥有不同物理化学结构的 MnO_x。XRD 衍射谱图与 SEM 表面观测均表明,使用模板法制备的 tp－MnO_x 拥有丰富的三维立体孔道,其内部的 MnO_x 主要成分为 γ－MnO_2。

(2)比表面积越大的 MnO_x 的物理吸附能力越强;γ－MnO_2 的物理吸附能力优于 α－MnO_2 和 β－MnO_2;α－MnO_2、β－MnO_2 和 γ－MnO_2 的热稳定性满足以下顺序:β－MnO_x＞α－MnO_2＞γ－MnO_2。

(3)MnO_x 的脱硫性能受到材料的孔道结构、内部 MnO_2 含量、MnO_2 晶型结构以及反应温度等因素的综合影响。不同 MnO_x 中,材料的孔道结构对材料的脱硫性能影响极大,三维立体孔道结构可充分分散 MnO_x,产生较多的活性位点,大幅度提高 MnO_x 的脱硫速率与脱硫容量;大孔对 MnO_x 的脱硫性能有着极其重要的作用,在本章中 MnO_x 的大孔含量越多,其脱硫容量越高;γ－MnO_2 比 α－MnO_2 和 β－MnO_2 拥有更好的脱硫性能;六种 MnO_x 中,tp－MnO_x 的脱硫性能最好,400℃时,tp—MnO_x拥有最高的脱硫速率,其前 1 h 的平均脱硫速率为 283.32 $mg_{SO_2}/(g_{material} \cdot h)$;500℃时,tp—$MnO_x$ 的脱硫容量最高,达到 694.08 $mg_{SO_2}/g_{material}$。500℃时,tp—MnO_x 的脱硫速率下降是因为高温使得 MnO_2分解生成 Mn_3O_4以及诱使 γ—MnO_2转变为 β—MnO_2。

第8章 MnCe双金属氧化物的制备及其在低温下脱硫性能的研究

研究者们开发出了船舶尾气脱硫装置用以脱除船舶尾气中的SO_2。但目前已有的船舶尾气脱硫装置普遍存在脱硫材料成本高、脱硫性能较低等缺陷,而且船舶尾气的排放温度近年来逐渐降低,对材料的低温脱硫性能提出了考验。

由前面章节可知,使用模板法制备的MnO_2可解决常规MnO_2比表面积小、脱硫容量低、脱硫速率慢等问题。模板法制备的具有三维有序孔道结构的MnO_x脱硫剂在中高温区间内拥有极好的脱硫性能,但其在低温条件下的脱硫性能仍然不够理想。

稀土氧化物作为电子促进剂和结构促进剂,在催化等领域得到了广泛的关注。CeO_2是催化反应中常见的活性金属氧化物,有着独特的化学性能,因为其具有的4f轨道未填满电子以及独特的镧系收缩等特征,而被广泛应用于各类烟气的净化、挥发性有机物(VOCs)的催化燃烧以及新兴燃料电池等领域。相较其他金属氧化物,CeO_2具有较强的催化作用,因其表面的氧空穴形成能较低,氧空穴会产生很强的O_2传递作用,具有较强的活化O_2和储放O_2的能力。

因此,本章使用模板法制备MnO_x、CeO_2以及不同Ce掺杂量的MnCe双金属氧化物,用于船舶尾气低温、高空速、高硫浓度工况下的深度脱硫。通过X射线衍射、氮气吸附脱附法、透射电子显微镜、扫描电子显微镜、热重分析等手段对模板法制备的MnO_x、CeO_2与不同Ce掺杂量的MnCe双金属氧化物进行物理化学结构表征;使用热重法脱硫装置测试脱硫材料的脱硫性能;考察CeO_2在低温条件下脱硫的可能性以及Ce掺杂量对MnCe双金属氧化物低温条件下的脱硫性能影响。希望为新型船舶尾气干式脱硫材料的研究与开发提供一定的参考。

8.1 MnO_x、CeO_2和$Mn_{1-y}Ce_yO_x$材料的制备

使用模板法制备 MnO_x、$Mn_{1-y}Ce_yO_x$（y 为摩尔百分比）以及 CeO_2，分别取适量硝酸锰四水合物[$Mn(NO_3)_2 \cdot 4H_2O$]、硝酸铈六水合物[$Ce(NO_3)_3 \cdot 6H_2O$]溶解于乙醇中，制成金属离子浓度为 1 mol/L 的 Mn/Ce 摩尔数比分别为 100∶0、95∶5、85∶15、75∶25、0∶100 的溶液。KIT-6 分子筛在 100℃真空环境下预处理 12 h，取 5 个 5 mL 烧杯，加入 1 g 分子筛，分别滴入上述溶液各 2.0 mL，保鲜膜封口，超声 30 min 后低温真空浸渍 5 h。样品于 70℃下真空干燥 2 h 后，转移至瓷舟，置于氧气气氛下焙烧 4 h，自然降温。将样品重新加入小烧杯中，再次加入 1.5 mL 不同 Mn/Ce 摩尔比的溶液。重复浸渍焙烧步骤。

样品经两次浸渍后，加入 2 mol/L 的 NaOH 溶解 KIT-6 分子筛，过滤洗涤至滤出液 pH=7，干燥研磨，筛取粒径小于 100 目的颗粒。制得纯 MnO_x、$Mn_{0.95}Ce_{0.05}O_x$、$Mn_{0.85}Ce_{0.15}O_x$、$Mn_{0.75}Ce_{0.25}O_x$ 以及纯 CeO_2 脱硫材料。

8.2 实验结果与讨论

8.2.1 材料晶体结构的对比研究

图 8.1 为不同 Mn/Ce 摩尔比的 MnCe 双金属氧化物、纯 MnO_x 与 CeO_2 的 XRD 谱图。如图 8.1 所示，模板法制备的纯 MnO_x 主要表现为 $\gamma-MnO_2$（JCPDS 44-0412，斜方晶系，Pnma，$a=0.94$ nm，$b=0.28$ nm，$c=0.45$ nm）。纯 MnO_x 在 2θ 为 29.1°、37.4°、42.8°和 56.8°的特征衍射峰可分别对应 $\gamma-MnO_2$ 的(120)、(131)、(300)和(160)晶面。纯 MnO_x 的特征衍射峰较为宽泛低平，由此可知，三维有序多孔结构的引入使得脱硫剂分散度更好，颗粒粒径更小。模板法制备的纯 CeO_2 主要表现为立方萤石结构（JCPDS 34-0394，立方晶系，Fm3m，$a=b=c=0.54$ nm）。CeO_2 在 2θ 为 28.55°、33.08°、47.48°和 56.33°的特征衍射峰可分别对应 CeO_2 的(111)、(200)、(220)和(311)晶面。纯 CeO_2 的特征衍射峰强度较高，表明 CeO_2 的晶粒较大，结晶度高。

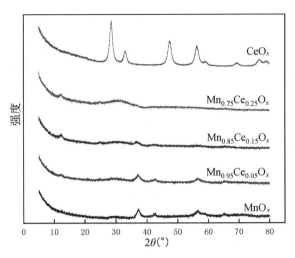

图 8.1　MnO$_x$、Mn$_{1-y}$Ce$_y$O$_x$ 以及 CeO$_2$ 的 XRD 谱图

MnO$_x$ 中添加 CeO$_2$ 后,MnO$_x$ 的特征峰发生改变,出现了属于六方晶系的 δ—MnO$_2$ 的特征衍射峰(JCPDS18—0802),这表明 Ce 的添加会引起 MnO$_x$ 结构晶型的变化,使得 MnO$_x$ 中的 γ—MnO$_2$ 部分转变为 δ—MnO$_2$。此外,随着 Ce 含量的不断增大,MnO$_x$ 的特征峰强度不断降低,表明 Ce 的添加有助于非晶态的 MnO$_x$ 生成。

当 MnO$_x$ 中开始添加少量的 Ce 时,可以明显发现各 MnCe 双金属氧化物的 2θ 在 28°~35°区间内有明显的抬升,但所有样品的 XRD 谱图中均未发现同时存在 MnO$_2$ 与 CeO$_2$ 的特征峰,表明 CeO$_2$ 与 MnO$_x$ 之间没有形成两相化合物,这与 MnO$_x$ 与 CeO$_2$ 之间易形成固溶体的报道一致。当 Mn$_{1-y}$Ce$_y$O$_x$ 中 CeO$_2$ 的含量较高时,几乎观察不到 MnO$_x$ 的相关特征峰,这意味着 Mn 成功地融入了 Ce 的晶格,掺杂在 CeO$_2$ 的框架中。此外,通过 MnO$_x$、Mn$_{1-y}$Ce$_y$O$_x$ 以及 CeO$_2$ 的峰宽的对比可知,MnCe 双金属氧化物中的 MnO$_2$ 与 CeO$_2$ 的峰小于纯 MnO$_x$ 与 CeO$_2$,表明 MnCe 双金属氧化物的结合有助于 MnO$_x$ 与 CeO$_2$ 的同时分散。

8.2.2　材料比表面积、平均孔径、孔体积及孔径分布的对比研究

图 8.2 为使用 BJH 方法计算的纯 MnO$_x$、纯 CeO$_2$ 以及不同 Ce 掺杂量的 MnCe 双金属氧化物的孔径分布。表 8.1 为使用 BET 方法测算的纯 MnO$_x$、纯

CeO₂以及不同 Ce 掺杂量的 MnCe 双金属氧化物的比表面积与孔容数据。如图 8.2 所示,模板法制备的纯 MnO_x、纯 CeO_2 以及不同 Ce 掺杂量的 MnCe 双金属氧化物的基本孔道结构一致,主要为集中在 8 nm 和 20 nm 左右的介孔孔道以及一定量的大孔。$Mn_{0.85}Ce_{0.15}O_x$ 拥有较大孔($>$20 nm)的比例最高。由表 8.1 可知,在 MnO_x 中掺杂 Ce 会增加材料的比表面积,且在 Ce 的掺杂量增加时,MnCe 双金属氧化物的比表面积也随之增大,$Mn_{0.75}Ce_{0.25}O_x$ 有着最大的比表面积,其值为 168.71 m²/g,表明 Ce 的添加有助于 MnO_x 与 CeO_2 的分散,与 XRD 谱图的分析结果一致。MnCe 双金属氧化物的平均孔径与孔体积随着 Ce 添加量的增加而先增大后减小,$Mn_{0.85}Ce_{0.15}O_x$ 拥有最大的平均孔径与孔体积,分别为 18.35 nm 与 0.7521 cc/g,与孔径分布分析结果一致。

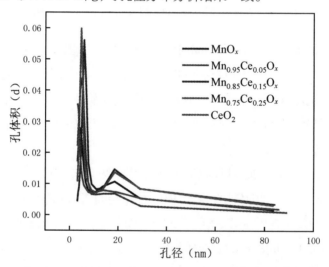

图 8.2 MnO_x、$Mn_{1-y}Ce_yO_x$ 以及 CeO_2 的孔径分布

表 8.1 MnO_x、$Mn_{1-y}Ce_yO_x$ 以及 CeO_2 的比表面积与孔容

样品	MnO_x	$Mn_{0.95}Ce_{0.05}O_x$	$Mn_{0.85}Ce_{0.15}O_x$	$Mn_{0.75}Ce_{0.25}O_x$	CeO_2
比表面积(m²/g)	139.37	154.32	163.95	168.71	145.69
平均孔径(nm)	13.24	9.84	18.35	16.44	12.85
总孔容(cc/g)	0.4614	0.3794	0.7521	0.6936	0.4679

8.2.3　材料表面形貌的对比分析

采用透射电子显微镜镜(TEM)与扫描电子显微镜(SEM)协同观察脱硫剂

的形貌和结构。图 8.3 为纯 MnO_x、纯 CeO_2 以及 $Mn_{0.75}Ce_{0.25}O_x$ 的透射电镜与扫描电镜图,由图 8.3 可知,纯 MnO_x、纯 CeO_2 以及 $Mn_{0.75}Ce_{0.25}O_x$ 均拥有完整的三维有序孔道结构,且结构十分规则整齐,内部孔道相互贯通,孔洞大小、形状一致,这些相互连接的网络和有序的孔道结构可为气固相反应提供较好的传质作用以及较大的比表面积,有利于 SO_2 的脱除。在 SEM 图像中也可以观察到相似的有序孔道结构,纯 MnO_x、纯 CeO_2 以及 $Mn_{0.75}Ce_{0.25}O_x$ 颗粒的有序排列清晰可见,且形貌结构基本一致,表明 Ce 掺杂后 MnCe 双金属氧化物的基本结构保持不变,与图 8.2 的孔径分析结果一致。

图 8.3　MnO_x、$Mn_{0.75}Ce_{0.25}O_x$ 和 CeO_2 的透射电镜与扫描电镜图像

通过 TEM 与 SEM 图观察,发现纯 MnO_x、纯 CeO_2 以及 $Mn_{0.75}Ce_{0.25}O_x$ 均

具有小球形颗粒,尺寸约为 10nm。在 TEM 图中的高倍放大下,观察孔隙结构,发现 $Mn_{0.75}Ce_{0.25}O_x$、纯 MnO_x、纯 CeO_2 均表现出结构类似于六边形的高度有序的中孔结构,这与其余使用 KIT—6 为模板制备的材料的形貌一致。这表明材料设计与预期吻合度较高,多种脱硫剂完美地复制了 KIT—6 基体的多孔结构。

此外,在纯 MnO_x 与纯 CeO_2 的透射电镜图像中均可清楚地观察到特殊的晶格条纹,表明纯 MnO_x 和纯 CeO_2 的高度结晶性。但在 $Mn_{0.75}Ce_{0.25}O_x$ 中未观察到任何晶格条纹,这与纯 MnO_x 和纯 MnO_2 差别极大,表明 Ce 掺杂制备的 $Mn_{0.75}Ce_{0.25}O_x$ 为无定形态,与 XRD 谱图的分析结果一致。

8.2.4 样品热稳定性的测试

图 8.4 为 MnO_x、$Mn_{0.95}Ce_{0.05}O_x$、$Mn_{0.85}Ce_{0.15}O_x$、$Mn_{0.75}Ce_{0.25}O_x$ 以及 CeO_2 的热重曲线图。如图 8.4 所示,各样品在 50℃~200℃ 范围内均有小幅度的失重,这是因为具有三维立体孔道结构的脱硫材料具有一定程度的吸水性,样品暴露在空气中,易吸收空气中的水蒸气,其在 50℃~200℃ 区间内的失重可对应样品中水分的蒸发。各样品失重顺序满足 $Mn_{0.75}Ce_{0.25}O_x$ > $Mn_{0.85}Ce_{0.15}O_x$ > MnO_x > $Mn_{0.95}Ce_{0.05}O_x$ > CeO_2。参考表 8.1 中各材料的比表面积可知,样品对水分子的物理吸附能力与材料的比表面积成正比。

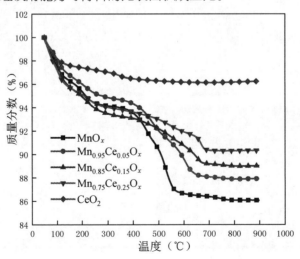

图 8.4 MnO_x、$Mn_{1-y}Ce_yO_x$ 和 CeO_2 的热重曲线图

纯 MnO_2 以及 $Mn_{1-y}Ce_yO_x$ 在 200℃~300℃ 区间的失重,可理解为

γ—MnO₂ 与 δ—MnO₂ 转化为 β—MnO₂ 所致。450℃以上含 Mn 样品的多阶段失重可对应为 MnO₂ 失氧生成 Mn₃O₄ 至 Mn₂O₃ 再到 MnO 的过程。由图 8.4 可知,Ce 的掺杂使得 MnO₂ 失氧生成 Mn₃O₄、Mn₂O₃、MnO 各阶段的所需温度升高、所需时间延长,表明 Ce 的添加有助于提高 MnOₓ 在高温下的稳定性。Ce 添加量越大,MnOₓ 的稳定性越强。

8.2.5　Ce 的掺杂量对 MnCe 双金属氧化物脱硫性能的影响

图 8.5 为使用热重法装置测试的 MnOₓ、Mn₀.₉₅Ce₀.₀₅Oₓ、Mn₀.₈₅Ce₀.₁₅Oₓ、Mn₀.₇₅Ce₀.₂₅Oₓ 和 CeO₂ 在 300℃下的脱硫性能(气氛:1350 ppm SO₂＋6.7% O₂＋N₂,气体流量:50 mL/min)。表 8.2 为各脱硫材料的脱硫容量。

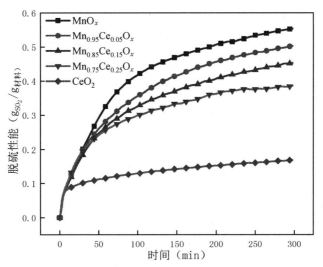

图 8.5　300℃时 MnOₓ、Mn₁₋ᵧCeᵧOₓ 和 CeO₂ 的脱硫性能

由图 8.5 可知,MnOₓ、Mn₁₋ᵧCeᵧOₓ 和 CeO₂ 的不同样品在脱硫反应前 5 min内的脱硫速率基本一致,这是因为 300℃下前 5 min 的脱硫过程主要为物理吸附,MnOₓ、Mn₁₋ᵧCeᵧOₓ 和 CeO₂ 孔道结构的相同导致了不同样品的前期脱硫速率及脱硫容量一致。

在 300℃下,MnOₓ 相较于 Mn₁₋ᵧCeᵧOₓ 和纯 CeO₂ 有着最高的脱硫容量,其脱硫总容量为 554.1 mg_{SO₂}/g_{material},纯 CeO₂ 的脱硫容量最低,为 168.5 mg_{SO₂}/g_{material},

仅为 MnO_x 的 30.41%。$Mn_{0.75}Ce_{0.25}O_x$ 的前期脱硫速率明显高于纯 MnO_x，但 $Mn_{1-y}Ce_yO_x$ 的脱硫容量却较纯 MnO_x 低，且随着 $Mn_{1-y}Ce_yO_x$ 中 Ce 含量的逐渐升高，MnCe 双金属的脱硫容量逐渐降低。

三维有序的孔道结构使得 MnO_x、$Mn_{1-y}Ce_yO_x$ 和 CeO_2 中的脱硫活性位点充分暴露，极大地增强了它们的脱硫性能，在模拟的船舶尾气脱硫工况下，MnO_x 的脱硫利用率得到了极大的提升。CeO_2 的脱硫容量较低，在 MnO_x 中掺杂 Ce 形成的 MnCe 双金属氧化物降低了原本的 MnO_x 含量，从而导致 MnCe 双金属氧化物总体的脱硫容量较低，且 MnCe 双金属氧化物中 Ce 的含量越高，其脱硫容量越低。

尽管在 MnO_x 中掺杂 Ce 制备的 MnCe 双金属氧化物的脱硫容量较纯 MnO_x 的脱硫容量低，但 Ce 的掺杂改善了纯 MnO_x 中锰原子的周围化学环境，MnCe 双金属之间的协同作用，使得 MnCe 双金属氧化物在低温下的脱硫速率得到提高。MnCe 双金属脱硫剂中，CeO_2 的晶格氧会直接参与氧化尾气中的 SO_2 生成 SO_3，且在 CeO_2 表面形成氧空穴，尾气中的 O_2 填充至该空穴后会继续生成一个 O，与 SO_2 反应生成 SO_3，Ce 在此过程中加速了 SO_2 氧化为 SO_3，因为 SO_3 极易与金属氧化物形成稳定的硫酸盐，所以在 MnO_x 中掺杂 Ce 制备的 $Mn_{0.75}Ce_{0.25}O_x$ 的脱硫速率较纯 MnO_x 的脱硫速率高。

本章使用模板法制备的 $Mn_{0.75}Ce_{0.25}O_x$ 双金属氧化物脱硫剂在低温下的快速脱硫性能，对新型船舶尾气低温干式脱硫材料的研究与发展有着一定的参考价值。

表 8.2 300℃时 MnO_x、$Mn_{1-y}Ce_yO_x$ 和 CeO_2 的脱硫容量

样品	MnO_x	$Mn_{0.95}Ce_{0.05}O_x$	$Mn_{0.85}Ce_{0.15}O_x$	$Mn_{0.75}Ce_{0.25}O_x$	CeO_2
脱硫容量（$mg_{SO_2}/g_{material}$）	554.1	502.7	453.1	386.5	168.5

8.3 本章小结

(1)使用模板法成功制备了纯 MnO_x、$Mn_{0.95}Ce_{0.05}O_x$、$Mn_{0.85}Ce_{0.15}O_x$、$Mn_{0.75}Ce_{0.25}O_x$ 和纯 CeO_2 五种脱硫材料。通过 TEM 与 SEM 观测，均表明所制

备的脱硫材料具有丰富的三维立体孔道,Ce 的掺杂不会引起三维有序孔道结构的改变。

(2)XRD 谱图分析表明,MnO_x 的主要成分为 $\gamma-MnO_2$。Ce 的添加会引起 MnO_x 晶型结构的变化,使得 $\gamma-MnO_2$ 向 $\delta-MnO_2$ 转变,Mn 能够插入 Ce 的晶格,形成的 MnCe 双金属氧化物主要以无定型固溶体的形式存在。BET 比表面积及 BIH 孔径分析表明,MnO_x 中掺杂 Ce 有助于 MnO_x 的分散,能够改善材料的比表面积、平均孔径和孔体积。Ce 添加量越高,MnCe 双金属氧化物的热稳定性越强。

(3)在 300℃下,MnO_x 相较于 $Mn_{1-y}Ce_yO_x$ 和纯 CeO_2 拥有最高的脱硫容量,其脱硫总容量达到了 554.1 $mg_{SO_2}/g_{material}$,纯 CeO_2 的脱硫容量最低,为 168.5 $mg_{SO_2}/g_{material}$,仅为 MnO_x 的 30.41%。$Mn_{1-y}Ce_yO_x$ 中 Ce 的含量越高,其脱硫容量越低,原因是 Ce 的掺杂降低 MnO_x 含量,从而导致 MnCe 双金属氧化物整体脱硫容量的降低。$Mn_{0.75}Ce_{0.25}O_x$ 的前期脱硫速率明显高于纯 MnO_x,是由于 MnCe 双金属之间的协同作用改善了纯 MnO_x 中锰原子的周围化学环境,MnCe 双金属氧化物中的 CeO_2 加速了脱硫过程中的 SO_2 氧化为 SO_3,因此 MnCe 双金属氧化物在低温下的脱硫速率高于纯 MnO_x。

第9章　二氧化锰捕集器脱硫性能及反应机理

柴油机尾气排放的 SO_2 不仅会对人体健康与自然环境产生极大的伤害,还会降低脱除氮氧化合物的催化剂活性(Chae et al. ,2016;Kim et al. ,2015;Zhang et al. ,2015;Zuo et al. ,2015;Fan et al. ,2013;Souza et al. ,2010;Borgwardt et al. ,1987)。为了避免柴油机尾气排放的 SO_2 所带来的影响,本章提出了一种紧凑型脱硫捕集器来完全捕获尾气中的 SO_2。

传统的干式脱硫材料,比如煅烧石灰石和 $CaCO_3$ 材料,在反应温度高于650℃和 SO_2 浓度高于 1000 ppm 条件下具有良好的脱硫性能。然而,当温度低于 400℃时,这些材料的脱硫速率受碳酸盐分解速率的限制,导致其脱硫速率大大降低。此外,随着柴油机技术的不断发展,柴油机尾气的最高温度将降低至400℃左右。因此,干式脱硫材料的低温性能提升与紧凑型脱硫捕集器的小型化对应用于移动设备如机动车和船舶来说是非常有必要的。

然而,很少有文献报道应用于紧凑型脱硫捕集器中的干式脱硫材料的低温脱硫性能。Rubio 等(2010)考察了粉煤灰在 100℃和1000 ppmv SO_2 浓度条件下的脱硫性能。氧化铜负载于活性炭上可以极大地提高氧化铜的 SO_2 低温氧化性能(Tseng et al. ,2003)。基于氧化铈的材料在低温条件下具有良好的 SO_2 捕获性能(Tikhomirov et al. ,2006)。二氧化锰具有简单的脱硫反应路径(MnO_2 $+SO_2 \longrightarrow MnSO_4$),并展现出非常好的低温脱硫性能。Li 等(2005a)考察了锰氧化物在 325℃下的 SO_2 捕获性能,实验发现锰钾矿型的二氧化锰具有很好的脱硫性能。基于这些实验研究,我们可以发现二氧化锰具有很好的脱硫性能,并有望应用于柴油机尾气系统的脱硫捕集器中。

传统上应用于柴油机尾气系统中的材料需要以涂覆的方式附着在陶瓷载体上,如图 9.1(a)所示。由于陶瓷载体的脱硫性能低,并且占据了大部分脱硫捕集器的体积,导致单位体积脱硫捕集器的脱硫量不高。此外,由于柴油机尾气中

的 SO_2 含量低,一般为几百 ppm,气体间的相互扩散阻力会很大,从而导致 SO_2 由气相扩散至反应物活性位的速率极大地降低(Lange et al. ,1981)。针对以上问题,本章提出了一种无陶瓷载体的紧凑型干式脱硫捕集器[MnO_2 脱硫捕集器,如图 9.1(b)所示],并且使用容量法来消除气体间扩散阻力来分析 MnO_2 脱硫捕集器真实的脱硫机理。本章还考察了在低压条件下反应温度与 MnO_2 脱硫捕集器的厚度对脱硫性能的影响,研究了 SO_2 与 MnO_2 脱硫捕集器的脱硫反应机理,来提高设计 MnO_2 脱硫捕集器的效率。

（a）　　　　　　　　　　　　（b）

图 9.1　传统捕集器(a)与 MnO_2 脱硫捕集器(b)

9.1　实验

9.1.1　MnO_2 脱硫捕集器的制备

二氧化锰(HSSA MnO_2)材料购买于日本材料与化学有限公司;羧甲基纤维素(CMC)和硅溶胶($34w\%$,分散于 H_2O 中)购买于上海阿拉丁生化科技股份有限公司,分析纯。

采用模具成型工艺来制备 MnO_2 脱硫捕集器。将 50 mg 二氧化锰与 5 mg 羧甲基纤维素置于烧杯中混合,逐滴加入 2 mL 的硅溶胶,并在加入过程中用玻璃棒搅拌混合物,然后将混合物放入直径 10 mm 的模具中压片,并在 400℃下焙烧形成一个圆柱体的 MnO_2 脱硫捕集器。

9.1.2　材料表征

测试设备采用德国林赛斯公司生产的 HDSC PT500LT/1600 型号的低温、

高温差示扫描量热仪。其中本书中所使用的氮吸附比表面积测试设备为美国 Micromeritics 公司生产的 ASAP2010 型号的氮吸附比表面测试仪,所使用的测试设备为荷兰 Panalytical 分析仪器公司生产的 X'Pert Pro MPD 型号的 X 射线衍射分析仪以及日本 JOEL 公司生产的 JEM－2100F 型号的透射电子显微镜和 Hitachi 公司生产的 S－4800 型号的扫描电子显微镜。颗粒粒径的测试设备为马尔文仪器公司生产的 nano ZS & Mastersizer 型号的激光粒度仪。

9.1.3 性能评价

本实验采用容量法装置来测量 MnO_2 脱硫捕集器的脱硫性能。容量法实验装置主要有两个部分:一个部分是样品室,即放置样品 MnO_2 脱硫捕集器的地方;另一部分是一个体积较大的储气罐。样品室温度的设定采用一个加热套来控制与调节,而储气罐的温度采用一个恒温室来控制。

表 9.1 是实验条件。首先将一定质量的 MnO_2 脱硫捕集器放置于样品室中,并使用加热套以 5 K/min 的加热速度缓慢地将温度加热至目标反应温度。与此同时,打开真空阀门 V1、V2、V4 和 V5,并开启真空泵对整个系统抽真空 1 h。当真空压力低于 0.01 Pa 时,先关闭所有阀门,然后关闭真空泵。当整个系统压力稳定后,打开阀门 V3 和 V4,然后缓慢开启阀门 V2,将 SO_2 气体通入储气罐中,当 SO_2 的压力达到 40 Pa(相当于尾气中 SO_2 的浓度为 400 ppm 时的分压)后关闭真空阀门 V2。恒温室的温度始终保持在 35℃。待整个系统的压力稳定后,打开阀门 V1 就可以记录脱硫反应过程中压力的变化。采用高精度的陶瓷电容压力计 P2 来测量压力的变化值,并通过采集的这些数据来确定 MnO_2 脱硫捕集器的 SO_2 捕获量。单位质量吸附剂的 SO_2 捕获量 C 和 MnO_2 转化率 X 可以用以下方程来表示:

$$C = \frac{(P_0 - P_t)V}{RT} \cdot \frac{M_{SO_2}}{s_0} [g_{SO_2}/g_{material}] \tag{9.1}$$

$$X = \frac{M_{MnO_2}}{M_{SO_2}} \cdot \frac{C}{\omega s_0} [g_{SO_2}/g_{MnO_2}] \tag{9.2}$$

式(9.1)和式(9.2)中,C 是单位质量的 SO_2 捕获量,其单位为 $g_{SO_2}/g_{material}$;R 是理想气体状态常数;V 是 SO_2 气体的体积,其单位为 L;P_0 是脱硫反应的初始压力,其单位为 Pa;P_t 是脱硫反应进行 t 秒后的压力,其单位为 Pa;s_0 是 MnO_2 脱硫捕集器的初始质量,其单位为 mg;X 是 MnO_2 转化率;ω 是 MnO_2 在整个捕集器中的质量分数;M_{MnO_2} 是 MnO_2 的摩尔质量,其单位为 g/mol;M_{SO_2} 是 SO_2 的摩尔质量,其单位为 g/mol。

表 9.1　实验条件

变量	条件
恒温室的温度(K)	308
样品的反应温度(K)	523~673
储气罐压力(Pa)	40
样品的质量(g)	0.05~0.15
样品的厚度(mm)	0.5~2

9.2 MnO_2 脱硫捕集器的物理表征

实验中所使用的 MnO_2 的比表面积、平均孔径和孔体积分别为 275 m^2/g、7.5 nm 和 0.5 cm^3/g。

图 9.2 是实验中所制备的 MnO_2 脱硫捕集器的扫描电镜图片。图 9.2 中"A""B""C""D""E"和"F"是不同放大倍数的 MnO_2 脱硫捕集器的扫面电镜图片,从图中可以看出,MnO_2 脱硫捕集器是由颗粒大小不均的球形小颗粒组成。

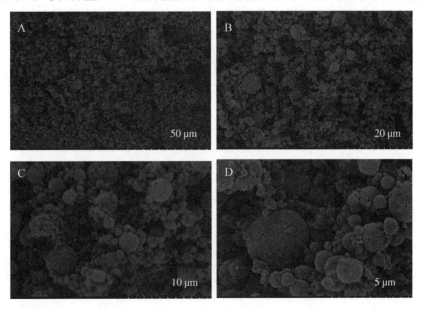

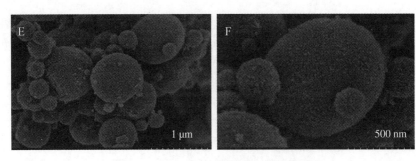

图 9.2　MnO_2 脱硫捕集器的扫描电镜图

图 9.3 是经焙烧后制备的 MnO_2 脱硫捕集器的孔径分布图。从图中可以看出,MnO_2 脱硫捕集器的孔径分布在 1 nm～100 nm 的较宽区域内。经焙烧后制备的 MnO_2 脱硫捕集器的比表面积、平均孔径和孔体积分别为 70 m^2/g,7.7 nm 和 0.38 cm^3/g。图 9.4 是 MnO_2 脱硫捕集器粉末的颗粒粒径分布图。从图 9.4 中可以看出,颗粒的粒径较集中,其平均粒径为 1.6 μm。

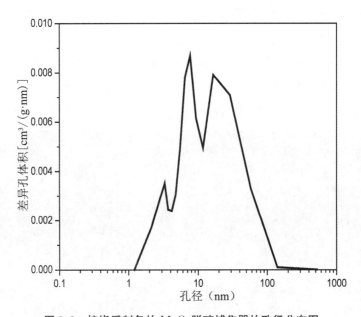

图 9.3　焙烧后制备的 MnO_2 脱硫捕集器的孔径分布图

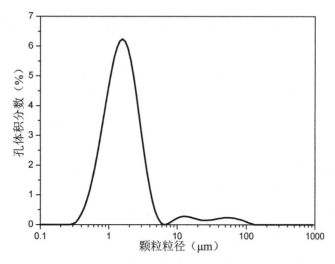

图 9.4　MnO₂脱硫捕集器粉末的颗粒粒径分布图

9.3　MnO₂脱硫捕集器的脱硫性能

9.3.1　气体分子间扩散对 MnO₂脱硫捕集器脱硫性能的影响

为了研究气体分子间扩散对 MnO₂脱硫捕集器脱硫性能的影响,本章节采用容量法装置考察了 MnO₂脱硫捕集器在低压 40 Pa 纯 SO₂以及 SO₂分压为 40 Pa 常压空气条件下的 SO₂捕获量,其不同反应温度下的脱硫性能结果见表 9.2。从表 9.2 中可以看出,在常压空气中 SO₂分压为 40 Pa 的条件下,所有反应温度条件下的 SO₂的捕获量都小于 4.0 mg$_{SO_2}$/g$_{MnO_2}$,而在纯 SO₂低压 40 Pa、温度为 400℃条件下,MnO₂脱硫捕集器的 SO₂捕获量为 304.1 mg$_{SO_2}$/g$_{MnO_2}$。由于尾气中 SO₂的含量很低,气体间的相互扩散阻力较大,使得 SO₂反应气体很难从气相扩散至吸附剂的活性表面。因此,可以推断出在柴油机尾气系统中气体的相互扩散阻力对 MnO₂脱硫捕集器脱硫性能有很大的影响,使用容量法装置消除扩散阻力后可以极大地提升 MnO₂脱硫捕集器的脱硫性能。

表 9.2　MnO₂脱硫捕集器在低压 40 Pa 纯 SO₂与 SO₂分压为 40 Pa 常压空气条件下的 SO₂捕获量

	200℃	300℃	350℃	400℃
40 Pa 纯 SO₂	15.0	25.7	71.7	304.1
SO₂分压为 40 Pa 的常压空气	2.5	2.7	3.6	3.9

9.3.2 反应温度对MnO₂脱硫捕集器脱硫性能的影响

图9.5是使用容量法装置在反应温度200℃,300℃,350℃和400℃条件下测试所获得的MnO₂脱硫捕集器的脱硫性能随时间的变化曲线。从图9.5可以看出,随着反应温度的升高,MnO₂脱硫捕集器的SO_2捕获量增大。在本实验条件下,MnO₂脱硫捕集器在反应温度为400℃条件下具有最高的脱硫性能,反应1 h后其SO_2捕获量为76.3 mg_{SO_2}/g_{MnO_2}。当反应温度为200℃时,MnO₂脱硫捕集器的SO_2捕获量下降至温度为400℃时SO_2捕获量的20%,其捕获量为15.0 mg_{SO_2}/g_{MnO_2}。表9.3是不同温度下MnO₂脱硫捕集器的SO_2捕获量。从表9.3可以看出,当反应温度为200℃和300℃时,MnO₂脱硫捕集器的SO_2捕获量在反应进行1 h后就达到饱和。当反应温度为400℃时,反应1 h后的SO_2捕获量仅为此温度下总脱硫量(304.1 mg_{SO_2}/g_{MnO_2})的25%。表9.4是文献中报道的不同脱硫材料的SO_2捕获量。从表9.4中可以看出,MnO₂脱硫捕集器的SO_2捕获量优于文献中所报道的脱硫材料。

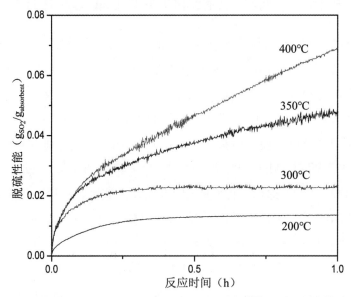

图9.5 反应温度在200℃,300℃,350℃和400℃条件下MnO₂脱硫捕集器的脱硫性能随时间变化的曲线

表 9.3　不同温度下 MnO₂ 脱硫捕集器的 SO₂ 捕获量

反应温度	200℃	300℃	350℃	400℃
吸附后 1h	15.0	25.7	52.7	76.3
量大容量	15.0	25.7	71.7	304.1

表 9.4　不同脱硫材料的 SO₂ 捕获量

材料	SO₂ 捕获量 ($mg_{SO_2}/g_{material}$)	反应条件	参考文献
MnO₂ 捕集器	304.1	400℃,40Pa pure SO₂	目前工作
CuO—CeO₂	24	400℃,3600 ppm SO₂	Rodas—Grapaín et al.,2005
TO—AC	161	400℃,2000 ppm SO₂	Guo et al.,2014
Pt—Pd—Al₂O₃	11	600℃,30 ppm SO₂	Limousy et al.,2003
CaO	36	325℃,250 ppm SO₂	Li et al.,2005a
Ca(OH)₂	32	325℃,250 ppm SO₂	Li et al.,2005a
MgO	20	325℃,250 ppm SO₂	Li et al.,2005a
ZrO₂	16	325℃,250 ppm SO₂	Li et al.,2005a
CuO—AC	30	250℃,200 ppm SO₂	Tseng et al.,2003
粉煤灰	13	100℃,1000 ppm SO₂	Rubio et al.,2010

图 9.6 是 MnO₂ 脱硫捕集器反应前与在温度 200℃、300℃、350℃ 和 400℃ 条件下反应后的 XRD 谱图。从图 9.6 可以看出，MnO₂ 脱硫捕集器在反应前的 XRD 谱图中的峰为 MnO₂ 的峰，其对应卡片为 JCPDS：00—044—0141。随着

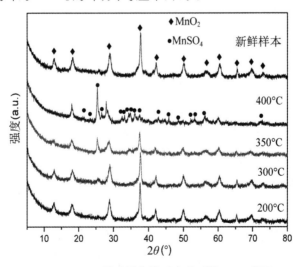

图 9.6　MnO₂ 脱硫捕集器反应前后的 XRD 谱图

反应温度的升高,MnO_2脱硫捕集器反应后MnO_2的峰越来越弱,而$MnSO_4$的峰(JCPDS:01-074-1735)越来越强。当反应温度在400℃时,MnO_2脱硫捕集器反应后几乎看不见MnO_2的峰,只有$MnSO_4$的峰,说明在此温度下,MnO_2脱硫捕集器中MnO_2可以与SO_2反应完全生成硫酸锰。

基于本实验的结果,可以估算出用于柴油机的MnO_2脱硫捕集器最优的体积。一辆柴油机车一年行驶大约3万千米,燃烧所使用的燃料油和润滑油为30 ppm。假设在性能评价的过程中,MnO_2脱硫捕集器的脱硫性能不受初始硫含量的影响,并假设柴油机百千米的柴油消耗量为7 L,柴油的密度为0.83 kg/L,则一辆柴油机尾气中一年排放SO_2的量为104.6 g。MnO_2脱硫捕集器的密度为0.6 g/cm^3,以MnO_2脱硫捕集器在400℃时的SO_2捕获量304.1 mg_{SO_2}/g_{MnO_2}来估算。通过计算得知,体积为1.0 L的MnO_2脱硫捕集器可以捕获182.5 g SO_2。因此,对于一辆行驶3万千米的柴油机来说,完全捕获尾气中排放的SO_2所需要的MnO_2脱硫捕集器的体积仅为0.6 L。此外,由于硫酸锰是工农业中需求量很大的原材料,因此MnO_2脱硫捕集器可以制成一种使用一年后即可丢弃的脱硫捕集器。

9.3.3 厚度对 MnO_2 脱硫捕集器脱硫性能的影响

传统的SO_2捕集器的SO_2捕获性能取决于脱硫捕集器中吸附剂的量。本节也得出了类似的实验结果。图9.7是不同厚度(0.5 mm、1.0 mm 和 2.0 mm)的MnO_2脱硫捕集器的SO_2捕获量。从图9.7可以看出,MnO_2脱硫捕集器的SO_2捕获量与其厚度成比例。然而不同厚度下的SO_2捕获量的变化趋势与MnO_2脱硫捕集器的装填厚度的变化不同。因此,脱硫捕集器的装填厚度对MnO_2脱硫捕集器的SO_2捕获量有很大的影响。

图9.8是不同厚度的MnO_2脱硫捕集器无量纲的单位质量的SO_2捕获性能与时间的关系曲线。从图9.8中可以看出,当装填厚度不同时,MnO_2脱硫捕集器的脱硫性能的曲线形状也不一样。MnO_2脱硫捕集器的脱硫速率随其厚度的增加而降低。在本实验条件下,0.5 mm 的MnO_2脱硫捕集器的脱硫速率最快。其原因可能是在较厚的MnO_2脱硫捕集器中,气体扩散的传质阻力要大于较薄的MnO_2脱硫捕集器。

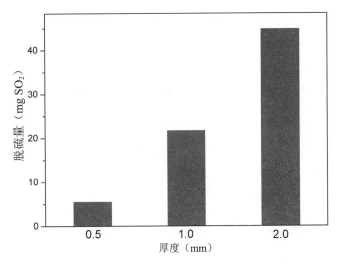

图 9.7　不同厚度的 MnO_2 脱硫捕集器的 SO_2 捕获量

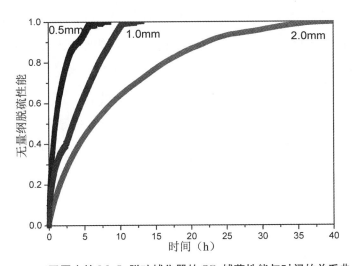

图 9.8　不同厚度的 MnO_2 脱硫捕集器的 SO_2 捕获性能与时间的关系曲线

9.3.4　堆积密度对 MnO_2 脱硫捕集器脱硫性能的影响

脱硫捕集器的堆积密度是设计脱硫捕集器的一个非常重要的因素。本节考察了 MnO_2 脱硫捕集器的堆积密度对脱硫捕集器脱硫性能的影响。图 9.9 是堆积密度对 MnO_2 脱硫捕集器的脱硫性能的影响。本实验所制备的 MnO_2 脱硫捕集器的堆积密度范围在 600 g/L 至 950 g/L 之间。从图 9.9 可以看出，MnO_2 脱

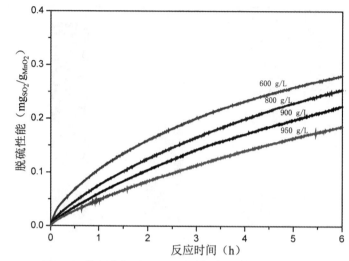

图 9.9　堆积密度对 MnO_2 脱硫捕集器脱硫性能的影响

硫捕集器的脱硫性能随着堆积密度的升高而降低。MnO_2 脱硫捕集器的堆积密度升高会导致孔隙率的降低以及 MnO_2 脱硫捕集器的厚度略微增加，从而会增加 SO_2 气体在 MnO_2 脱硫捕集器中的扩散阻力。SO_2 气体在 MnO_2 脱硫捕集器中的扩散阻力增大会降低 MnO_2 脱硫捕集器的脱硫性能。

　　此外，本节还考察了 MnO_2 脱硫捕集器的堆积密度对脱硫捕集器 SO_2 捕获量的影响。图 9.10 是不同堆积密度的 MnO_2 脱硫捕集器的 SO_2 捕获量，反应温

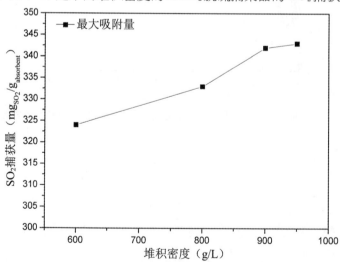

图 9.10　不同的 MnO_2 脱硫捕集器的堆积密度对脱硫捕集器 SO_2 捕获量的影响

度为 400℃。MnO_2 脱硫捕集器的 SO_2 捕获量随着堆积密度的增大而增大,而在不同堆积密度下单位质量的脱硫性能的增加却不明显。因此,可将 MnO_2 脱硫捕集器设计为低堆积密度的脱硫捕集器来获得应用于柴油机尾气系统中捕获 SO_2 的脱硫捕集器。

9.4　MnO_2 脱硫捕集器的脱硫反应机理

9.4.1　反应温度对 MnO_2 转化率的影响

为了获得 MnO_2 脱硫捕集器的脱硫反应机理,本节制备了低堆积密度与厚度的 MnO_2 脱硫捕集器,来降低 SO_2 气体在捕集器中的扩散阻力,并考察了 MnO_2 脱硫捕集器在不同反应温度下的脱硫性能。本实验的反应温度为 200℃,300℃,350℃和 400℃,容量法装置中 SO_2 的反应压力为 40 Pa。图 9.11 是不同温度下脱硫捕集器中 MnO_2 转化率与时间的关系曲线。从图 9.11 可以看出,MnO_2 脱硫捕集器的脱硫反应转化率随着反应温度的升高而增大。在本实验的条件下,MnO_2 脱硫捕集器的初始反应的转化率先快速增加,而在反应 5 min 后转化率曲线的斜率变小。

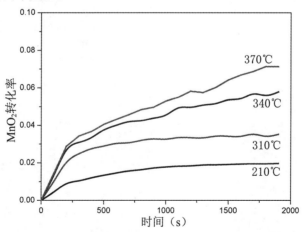

图 9.11　温度对 MnO_2 脱硫捕集器中 MnO_2 转化率与时间的关系曲线

9.4.2　脱硫反应模型——颗粒模型

二氧化锰与二氧化硫之间的简单脱硫反应($MnO_2 + SO_2 \longrightarrow MnSO_4$)是一

个气固非催化反应过程。已有各种各样的模型被用来研究气固非催化反应机理（Gómez－Barea and Ollero，2006）。在这些模型当中，颗粒模型适用于在化学与冶金领域中由小颗粒组成的圆球固体与气体之间的气固反应，该模型认为气固反应发生在实心圆球颗粒的表面（Ebrahimi et al.，2008）。透射电子显微镜被用来观察 MnO_2 脱硫捕集器在脱硫反应前后微观的表面结构。图 9.12 是 MnO_2 脱硫捕集器的透射电镜图片。从图 9.12 中可以看出，所制备的 MnO_2 脱硫捕集器是由一系列实心的小圆球组成。图 9.13 是 MnO_2 脱硫捕集器脱硫反应后的透射电镜图片。从图 9.13 中可以看出，脱硫反应过程中生成的硫酸锰产物覆盖在 MnO_2 实心小圆球的表面。因此，颗粒模型很有可能适用于 MnO_2 脱硫捕集器与 SO_2 之间的气固反应。

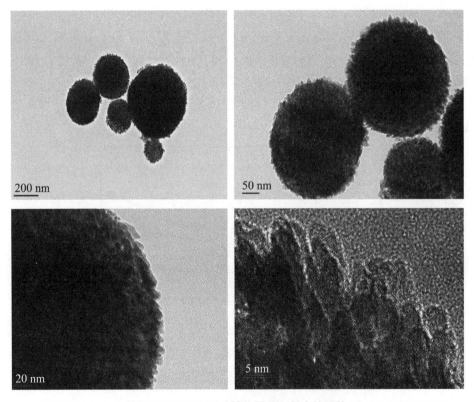

图 9.12　MnO_2 脱硫捕集器的透射电镜图片

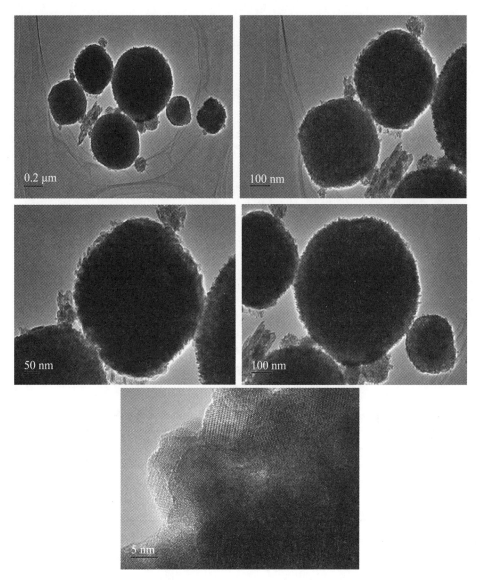

图 9.13 脱硫反应后的 MnO_2 脱硫捕集器的透射电镜图片

在颗粒模型中,脱硫反应的速率受四个步骤控制:①外扩散,即反应气体分子从气相扩散至固体颗粒的外表面;②表面反应,即气体分子吸附在固体反应物的表面并发生化学反应;③固相扩散,即气体分子在固体产物中的扩散;④内扩散,即气体分子在固体颗粒的内部孔道中的扩散。从 MnO_2 脱硫捕集器的孔径分布图 9.3 中可以看出,MnO_2 脱硫捕集器的孔径集中于 20 Å~1000 Å 的区间。而 SO_2 的分子直径仅为 1.4 Å，SO_2 分子可以很容易地通过 MnO_2 脱硫捕集器颗粒内部的孔道，并扩散至固体反应物的表面。图 9.14 是 MnO_2 脱硫反应后的透射 EDS 能谱图。从 MnO_2 脱硫捕集器的透射 EDS 能谱图可以看出，SO_2 充分接触 MnO_2 脱硫捕集器中 MnO_2 球形颗粒的表面，因此内扩散对本反应的影响可以忽略不计。表 9.5 是脱硫反应后 MnO_2 脱硫捕集器中 Mn、S 和 O 元素的含量。从表 9.5 中的锰硫原子含量比可以看出，MnO_2 脱硫捕集器中 MnO_2 还未完全与 SO_2 发生反应。

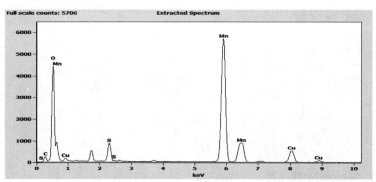

图 9.14　MnO_2 脱硫捕集器脱硫反应后的透射能谱元素分析图

表 9.5　MnO_2 脱硫捕集器脱硫反应后的各元素含量

元素线	总数	质量分数/%	原子/%
O K	26549	27.21	54.70
S K	10474	6.42	6.44
Mn K	92717	66.37	38.86
总计		100.00	100.00

对于整个反应系统来说，由于固体反应物持续不断地消耗，反应控制步骤会随着反应时间的改变而发生变化(Fang et al.,2011)。大多数气固非催化反应会呈现两种连续不断的反应控制步骤：初步阶段为受表面反应控制的快速反应阶段；其余阶段为受固体产物体相扩散的慢反应速率阶段(Sun et al.,2007；Dennis et al.,2009)。

根据颗粒模型，对于球形颗粒与二氧化硫气体之间受表面反应控制的气固反应，其固体转化率 X 与反应时间 t 之间的关系可以用下列方程式来表示：

$$t = \frac{\rho_s r_g}{b k_s C_A}[1-(1-X)^{\frac{1}{3}}] \quad (9.3)$$

式中，ρ_s 是固体反应物的浓度，k_s 是表面反应速率常数，C_A 是反应气体的浓度，b 是反应的化学计量系数，r_g 是圆球颗粒的初始半径，X 是固体反应物的转化率。

对于球形颗粒与二氧化硫气体之间受固相扩散的气固反应，其固体转化率 X 与反应时间 t 之间的关系可以用下列方程式来表示：

$$t = \frac{\rho_s r_g^2}{6bkD_eC_A}[t_0 + 1 - 3(1-X)^{\frac{2}{3}} - 2(1-X)] \tag{9.4}$$

式中，D_e 是有效扩散系数，t_0 是脱硫反应速率由受表面反应控制阶段转向固相扩散阶段时延迟时间的修正因子。

受化学反应控制的颗粒模型的表达式(6.3)适用于初始脱硫过程(反应初始阶段)的曲线；而受固相扩散控制的颗粒模型的表达式(6.4)适用于脱硫反应一段时间后过程的数据(反应的其余阶段)。图 9.15 是不同温度条件下受表面化学反应控制和受固相扩散控制的颗粒模型的线性拟合。在相对较高的温度条件下，随着脱硫反应的进行，多孔固体与气体的脱硫反应区域将变得越来越狭窄，在此情况下表面反应速率和固相扩散速率将处于同一个数量级。总的来说，在本实验条件下可以得出的结论是，颗粒模型适用于二氧化锰脱硫捕集器与二氧化硫之间的气固脱硫反应，该气固脱硫反应过程可以分为两个阶段：一个是受表面化学反应控制的阶段；另一个是受固相扩散控制的阶段。

为了确认二氧化锰脱硫捕集器与二氧化硫气体之间脱硫反应的表观活化能，本节通过阿仑尼乌斯(Arrhenius)方程求取了反应在 200℃、300℃、350℃ 和 400℃ 条件下，二氧化锰脱硫捕集器脱硫反应的初始阶段受表面化学反应控制的脱硫反应速率常数。图 9.16 是二氧化锰脱硫捕集器与二氧化硫反应初始阶段相应的阿仑尼乌斯曲线。通过 Arrhenius 方程计算得到二氧化锰脱硫捕集器与二氧化硫在消除外扩散影响条件下反应的表观活化能为18.8 kJ/mol。与 Tikhomirov 等(2006)报道的氧化锰的脱硫反应活化能的数值(33.5 kJ/mol)相比，我们可以推断出在消除气体间扩散影响的纯二氧化硫气氛的条件下，二氧化锰脱硫捕集器展现了很好的脱硫性能。

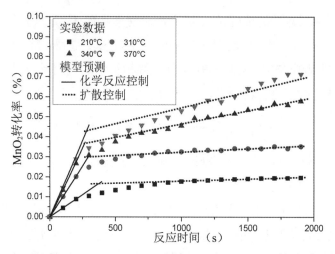

图 9.15　不同温度条件下受表面化学反应控制和受固相扩散控制的颗粒模型的线性拟合

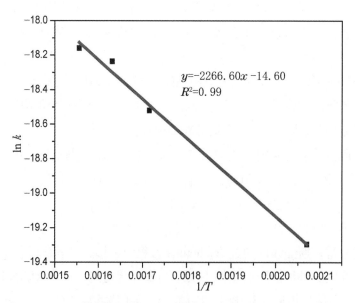

图 9.16　MnO_2 脱硫捕集器与 SO_2 反应初始阶段相应的阿仑尼乌斯曲线

9.5　本章小结

本章提出了一种新型紧凑型脱硫捕集器——MnO_2 脱硫捕集器来保护柴油机尾气系统中脱除氮氧化合物催化剂免受 SO_2 的毒害，并使用容量法来消除气体间扩散阻力来获得 MnO_2 脱硫捕集器与 SO_2 反应的脱硫性能。本章还考察了在低压条件下 MnO_2 脱硫捕集器的厚度、堆积密度和反应温度对脱硫性能的影响。最后考察了 MnO_2 脱硫捕集器的脱硫反应机理，为提高 MnO_2 脱硫捕集器的效率提供了理论支撑。实验结果表明：

(1)在本实验的温度(200℃～400℃)条件下，MnO_2 脱硫捕集器在 400℃ 下有最大的 SO_2 捕获量，并以此为结果估算出对于一辆柴油车一年行驶 3 万千米所需要 MnO_2 脱硫捕集器的体积为 0.6 L。这种新型 MnO_2 脱硫捕集器适用于一种可丢弃的脱硫捕集器。

(2)由于柴油机尾气系统中 SO_2 的浓度很低，因此气体的相互扩散阻力对 MnO_2 脱硫捕集器脱硫性能有很大的影响，使用容量法装置消除扩散阻力后可以极大地提升 MnO_2 脱硫捕集器的脱硫性能。

(3)MnO_2 脱硫捕集器的 SO_2 捕获量与其厚度成正相关关系，其脱硫反应速率随着厚度的增加而降低。MnO_2 脱硫捕集器的脱硫性能随着堆积密度的升高而降低。MnO_2 脱硫捕集器的 SO_2 捕获量随着堆积密度的升高而升高，而在不同堆积密度下单位质量的脱硫性能的提高却不明显。

(4)颗粒模型很有可能适用于 MnO_2 脱硫捕集器与 SO_2 之间的气固反应，该气固脱硫反应过程可以分为两个阶段：一是受表面化学反应控制阶段；二是受固相扩散控制阶段。通过 Arrhenius 方程计算得到 MnO_2 脱硫捕集器与 SO_2 在消除外扩散影响条件下反应的表观活化能为 18.8 kJ/mol，说明了纯 SO_2 气氛条件下 MnO_2 脱硫捕集器展现了非常好的脱硫性能。

第 10 章　结论与展望

10.1　研究结论

本书系统研究了应用于柴油机尾气脱硫捕集器中基于 MnO_2 的中温($200℃\sim$ $450℃$)和低温($50℃\sim200℃$)脱硫材料的脱硫性能及其反应机理,结论总结如下:

(1)考察了 HSSA MnO_2 的脱硫性能及其反应机理。实验发现 HSSA MnO_2 在中温区间 $200℃\sim450℃$ 下有着良好的 SO_2 捕获性能。HSSA MnO_2 的 SO_2 捕获性能随着 SO_2 浓度和比表面积的增大而增大。当温度低于 $450℃$ 时,高比表面积 MnO_2 的脱硫性能随着温度的升高而升高,而当温度高于 $450℃$ 时,其脱硫性能稍有降低。高温再生后的 MnO_2 的物理结构遭到了破坏,导致其 SO_2 的捕获量由最初的 $0.45\ g_{SO_2}/g_{MnO_2}$ 急剧降低为 $0.06\ g_{SO_2}/g_{MnO_2}$。

(2)采用浸渍法制备了 MnO_2 复合金属氧化物,实验发现氯化锂改性后的 MnO_2 的结晶度更好,但比表面积随着氯化锂浓度的增大而降低。经碱金属(Li、Na 和 K)离子改性后的产物分别为 $LiMn_2O_4$、$NaMnO_2$ 和 $KMnO_2$。掺杂锂离子的 MnO_2 复合金属氧化物在温度 $400℃$ 下反应 3 h 后的 SO_2 捕获量为 $0.39\ g_{SO_2}/g_{MnO_2}$,比未改性的 MnO_2 的脱硫量提高了 18%。锰铈双金属氧化物随着 Ce 添加量的不断增加,其比表面积不断减小,平均孔径变化不大,比表面积不断减小,孔体积不断减小,脱硫性能先升高后下降。其中 Mn90Ce10 具有最好的脱硫性能,其 SO_2 捕获量高达 $0.36\ g_{SO_2}/g_{material}$,与高比表面积 MnO_2 相比,脱硫量提高了 10%左右。随着焙烧温度的不断升高,锰铈双金属氧化物的比表面积急剧下降,而铈含量的增多有助于增强锰铈双金属氧化物的耐高温性能。Mn90Ce10 在高温再生后的 SO_2 捕获量达 $0.09\ g_{SO_2}/g_{material}$,与 MnO_2 的再生性能相比,其再生脱硫量提高了 28.5% 左右。

(3)制备了 MnO_2/AC 复合材料,并考察了其在低温区间 50℃～200℃下的 SO_2 捕获性能。实验发现,回流法和水热法所制备的复合材料中反应生成的 MnO_2 的分散度略优于沉淀法,而水热法合成 MnO_2/AC 复合材料的过程中会生成碳酸锰。采用回流法制备的 MnO_2/AC 复合材料在低温区间具有很好的脱硫性能并且 MnO_2 的转化率也大大提高。MnO_2/AC 复合材料的脱硫性能随着 $KMnO_4$ 溶液的浓度增大呈先增大后减少的趋势,当 $KMnO_4$ 溶液的浓度为 0.2 mol/L时,MnO_2/AC 复合材料的 SO_2 捕获量有最大值29 $mg_{SO_2}/g_{Material}$。通过 FTIR 光谱分析确定了 SO_2 在 MnO_2/AC 复合材料上的吸附是一个化学过程,并发现其吸附机理可以用 Freundlich 模型来解释。根据 Freundlich 方程的斜率与截距计算出 Freundlich 常数 n 的数值为 1.170。通过计算求得 ΔH^0 和 ΔS^0 的数值分别为 14.30 kJ/mol 和 62.97 J/(mol·K),说明了 SO_2 在 MnO_2/AC 复合材料上的吸附是一个吸热过程,ΔG^0 为负值说明了 SO_2 在 MnO_2/AC 复合材料上的吸附是一个自发进行的过程。

(4)制备了一种新型无载体的 MnO_2 脱硫捕集器,并使用容量法装置消除气体间扩散阻力来获得 MnO_2 脱硫捕集器与纯 SO_2 反应的脱硫性能及其反应机理。实验发现,在 400℃ 条件下,MnO_2 脱硫捕集器的 SO_2 捕获量为 304.1 $mg_{SO_2}/g_{material}$。MnO_2 脱硫捕集器的 SO_2 捕获量随着厚度、堆积密度的增加而升高,然而其反应速率随着厚度、堆积密度的增加而降低。MnO_2 脱硫捕集器与 SO_2 之间的气固反应可以用颗粒模型来解释,其反应过程可以分为受表面化学反应控制和受固相扩散控制两个阶段。通过 Arrhenius 方程计算得到 MnO_2 脱硫捕集器与纯 SO_2 反应的表观活化能为 18.8 kJ/mol。经过计算,对于一年行驶 3 万千米的柴油车所需要的 MnO_2 脱硫捕集器的体积大约为0.6 L。由于硫酸锰是工农业中需求量很大的原材料,因此 MnO_2 脱硫捕集器可以用于一种可丢弃的脱硫捕集器。

10.2　创新点

(1)本书考察了高比表面积 MnO_2 材料的中温(200℃～450℃)脱硫性能及其反应机理。发现 MnO_2 的脱硫性能随着比表面积的增大而增大,其脱硫反应速率的控制步骤为表面化学反应。

(2)提出了一种新型耦合脱硫捕集器来完全捕获宽温度区间的柴油机尾气中的 SO_2。制备高分散 MnO_2/AC 复合材料,并考察其在低温(50℃~200℃)条件下的脱硫性能。发现 SO_2 在 MnO_2/AC 复合材料上的低温吸附机理适用于 Freundlich 模型。

(3)研发了一种新型无载体的 MnO_2 脱硫捕集器,并考察了其在消除气体间扩散阻力条件下的脱硫性能及反应机理。MnO_2 脱硫捕集器的 SO_2 捕获量随着厚度、堆积密度的增加而升高,其脱硫机理可以用颗粒模型来解释。

10.3　研究展望

(1)高温再生后的 MnO_2 脱硫材料的物理结构遭到了破坏,导致其脱硫性能大大降低。因此,在下一步研究中有必要使用还原气氛使 MnO_2 材料在较低的温度下再生来获得较好的再生脱硫性能。

(2)书中仅提出了一种新型的耦合脱硫捕集器来完全捕获宽温度区间条件下的柴油机尾气中的 SO_2,而未将脱硫材料以涂覆的方法制备成脱硫捕集器并应用于柴油机尾气系统中。因此,耦合脱硫捕集器的制备与脱硫性能测试还需要在下一步的研究中解决。

(3)由于在实际应用中脱硫捕集器置放于脱除氮氧化合物催化剂之前,而本书仅考察了脱硫材料在 SO_2 气体和 N_2 混合气氛下的脱硫性能,因此氮氧化合物等其他尾气成分对脱硫捕集器的脱硫性能的影响有待进一步研究。

(4)书中估算出了 0.6 L 的 MnO_2 脱硫捕集器可以满足一辆柴油机车一年行驶 3 万千米的要求,但这种紧凑型的 MnO_2 脱硫捕集器在实际使用过程中的脱硫效果和稳定性有待进一步考察。

参考文献

[1]陈英,何俊,马玉刚等.Pd/TiO$_2$-Al$_2$O$_3$的NO$_x$储存性能和抗硫性能[J].分子催化,2007,21(5):427-432.

[2]冯亚娜,赵毅.金属氧化物在脱硫脱氮技术中的应用[J].工业安全与环保,2003,29(8):3-6.

[3]国家发展改革委.关于加快火电厂烟气脱硫产业化发展的若干意见[J].节能与环保,2005,5:5-7.

[4]国家环保局.国务院关于两控区酸雨和二氧化硫污染防治"十五"计划的批复[Z].2002.

[5]韩伟.我国脱硫产业发展形势、政策及其产业化[J].中国环保产业,2005,1:34-35.

[6]姜彦立,周新华,郝宇.国内外燃煤脱硫技术的研究进展[J].矿业快报,2007,1:7-10.

[7]姜烨,高翔,吴卫红等.选择性催化还原脱硝催化剂失活研究综述[J].中国电机工程学报,2013,33(14):18-32.

[8]刘玉香.SO$_2$的危害及其流行病学与毒理学研究[J].生态毒理学报,2007,2(2):225-231.

[9]钱伯章,李敏.世界能源结构向低碳燃料转型——BP公司发布2016年世界能源统计年鉴[J].中国石油和化工经济分析,2016,8:35-39.

[10]曲生,张大秋,王棠昱等.原油脱除硫化氢技术新进展[J].中国安全生产科学技术,2012,8(7):56-60.

[11]肖建华,李雪辉,徐建昌等.NO$_x$储存—还原催化净化技术研究进展[J].现代化工,2005,25(8):15-19.

[12]袁红兰.贵州酸雨和SO$_2$污染的危害及防治对策[J].环境保护,2006,15:

74-77.

[13]郑毓慧,张建宇,王昊.我国"九五"期间环评火电项目 SO₂ 控制分析[J].环境科学研究,2005,18(4):46-50.

[14]周涛,刘少光,唐名早等.选择性催化还原脱硝催化剂研究进展[J].硅酸盐学报,2009,37(2):317-324.

[15]朱全力,赵旭涛,赵振兴等.加氢脱硫催化剂与反应机理的研究进展[J].分子催化,2006,20(4):372-383.

[16]Aguilar C.,García R.,Soto-Garrido G.,et al.Catalytic wet air oxidation of aqueous ammonia with activated carbon[J].Applied Catalysis B: Environmental,2003,46(2): 229-237.

[17]Al-Harahsheh M.,Shawabkeh R.,Batiha M.,et al.Sulfur dioxide removal using natural zeolitic tuff[J]. Fuel Processing Technology, 2014, 126: 249-258.

[18]Al-Harbi M.,Epling W.S.Effects of different regeneration timing protocols on the performance of a model NO_x storage/reduction catalyst [J]. Catalysis Today,2010,151(3-4): 347-353.

[19]Al-Harbi M.,Epling W.S.The effects of regeneration-phase CO and/or H_2 amount on the performance of a NO_x storage/reduction catalyst [J]. Applied Catalysis B: Environmental,2009,89(3-4): 315-325.

[20]Bai B.C.,Lee C.W.,Lee Y.S.,et al.Metal impregnate on activated carbon fiber for SO_2 gas removal: Assessment of pore structure,Cu supporter, breakthrough,and bed utilization[J].Colloids and Surfaces A: Physicochemical and Engineering Aspects,2016,509: 73-79.

[21]Barpaga D.,LeVan M.D.Functionalization of carbon silica composites with active metal sites for NH_3 and SO_2 adsorption[J].Microporous and Mesoporous Materials,2016,221: 197-203.

[22]Bensitel M.,Saur O.,Lavalley J.C.,et al.An infrared study of sulfated zirconia[J].Materials Chemistry and Physics,1988,19(1-2): 147-156.

[23]Bensitel M.,Waqif M.,Saur O.,et al. The structure of sulfate species on magnesium oxide[J]. The Journal of Physical Chemistry, 1989,93(18):

6581-6582.

[24]Binder-Begsteiger I.Improved emission control due to a new generation of high-void-fraction SCR-DeNO$_x$ catalysts[J].Catalysis Today,1996,27(1): 3-8.

[25]Blanco J.,Avila P.,Bahamonde A.,et al.Influence of the operation time on the performance of a new SCR monolithic catalyst[J].Catalysis Today, 1996,27(1): 9-13.

[26]Borgward R.H.,Harvey R.D.Properties of carbonate rocks related to SO$_2$ reactivity[J].Environmental Science & Technology,1972,6(4): 350-360.

[27]Borgwardt R.H.Kinetics of the reaction of sulfur dioxide with calcined limestone[J].Environmental Science & Technology,1970,4(1): 59-63.

[28]Borgwardt R.H.,Bruce K.R.,Blake J.An investigation of product-layer diffusivity for calcium oxide sulfation[J].Industrial & Engineering Chemistry Research,1987,26(10): 1993-1998.

[29] Brousse T.,Taberna P.L.,Crosnier O.,et al.Long-term cycling behavior of asymmetric activated carbon/MnO$_2$ aqueous electrochemical supercapacitor[J].Journal of Power Sources,2007,173(1): 633-641.

[30]Cantu M.,Lopez-Salinas E.,Valente J.S.SO$_x$ removal by calcined MgAlFe hydrotalcite-like materials: Effect of the chemical composition and the cerium incorporation method[J].Environmental Science & Technology, 2005,39(24): 9715-9720.

[31]Carabineiro S.A.C.,Ramos A.M.,Vital J.,et al.Adsorption of SO$_2$ using vanadium and vanadium-copper supported on activated carbon[J].Catalysis Today,2003,78(1-4): 203-210.

[32] Casapu M.,Kröcher O.,Elsener M.Screening of doped MnO$_x$-CeO$_2$ catalysts for low-temperature NO-SCR[J].Applied Catalysis B: Environmental,2009,88(3-4): 413-419.

[33]Centi G.,Perathoner S.Dynamics of SO$_2$ adsorption-oxidation in SO$_x$ traps for the protection of NO$_x$ adsorbers in diesel engine emissions[J].Catalysis Today,2006,112(1-4): 174-179.

[34] Centi G., Perathoner S. Performances of SO_x traps derived from Cu/Al hydrotalcite for the protection of NO_x traps from the deactivation by sulphur[J]. Applied Catalysis B: Environmental,2007,70(1-4): 172-178.

[35] Chae H.J., Lee S.C., Lee S.J., et al. Potassium-based dry sorbents for removal of sulfur dioxide at low temperatures[J]. Journal of Industrial and Engineering Chemistry,2016,36: 35-39.

[36] Chansai S., Burch R., Hardacre C. Controlling the sulfur poisoning of Ag/Al_2O_3 catalysts for the hydrocarbon SCR reaction by using a regenerable SO_x trap[J]. Topics in Catalysis,2013,56(1-8): 243-248.

[37] Chen Z., Wang X., Wang Y., et al. Pt-Ru/Ba/Al_2O_3-$Ce_{0.33}Zr_{0.67}O_2$: An effective catalyst for NO_x storage and reduction[J]. Journal of Molecular Catalysis A: Chemical,2015,396: 8-14.

[38] Choi J.S., Partridge W.P., Pihl J.A., et al. Sulfur and temperature effects on the spatial distribution of reactions inside a lean NO_x trap and resulting changes in global performance [J]. Catalysis Today, 2008, 136 (1-2): 173-182.

[39] Chu H.Y., Lai Q.Y., Wang L., et al. Preparation of MnO_2/WMNT composite and MnO_2/AB composite by redox deposition method and its comparative study as supercapacitive materials [J]. Ionics, 2010, 16 (3): 233-238.

[40] Clayton R.D., Harold M.P., Balakotaiah V., et al. Pt dispersion effects during NO_x storage and reduction on Pt/BaO/Al_2O_3 catalysts[J]. Applied Catalysis B: Environmental,2009,90(3-4): 662-676.

[41] Dathe H., Jentys A., Lercher J.A. In situ S K-edge X-ray absorption spectroscopy for understanding and developing SO_x storage catalysts [J]. Journal of Physical Chemistry B,2005,109(46): 21842-21846.

[42] Deng D., Han G., Jiang Y. Investigation of a deep eutectic solvent formed by levulinic acid with quaternary ammonium salt as an efficient SO_2 absorbent[J]. New Journal of Chemistry,2015,39(10): 8158-8164.

[43] Dennis J.S., Pacciani R. The rate and extent of uptake of CO_2 by a synthet-

ic, CaO-containing sorbent[J]. Chemical Engineering Science, 2009, 64(9): 2147-2157.

[44] Ding J., Zhong Q., Zhang S. Simultaneous removal of NO_x and SO_2 with H_2O_2 over Fe based catalysts at low temperature[J]. RSC Advances, 2014, 4(11): 5394-5398.

[45] Ebrahimi A. A., Ebrahim H. A., Hatam M., et al. Finite element solution for gas-solid reactions: Application to the moving boundary problems[J]. Chemical Engineering Journal, 2008, 144(1): 110-118.

[46] El-Hendawy A. N. A. Influence of HNO_3 oxidation on the structure and adsorptive properties of corncob-based activated carbon[J]. Carbon, 2003, 41 (4): 713-722.

[47] Fan L., Chen J., Guo J., et al. Influence of manganese, iron and pyrolusite blending on the physiochemical properties and desulfurization activities of activated carbons from walnut shell[J]. Journal of Analytical and Applied Pyrolysis, 2013, 104: 353-360.

[48] Fan Z. J., Yan J., Wei T., et al. Asymmetric supercapacitors based on graphene/MnO_2 and activated carbon nanofiber electrodes with high power and energy density[J]. Advanced Functional Materials, 2011, 21 (12): 2366-2375.

[49] Fang F., Li Z. S., Cai N. S., et al. AFM investigation of solid product layers of $MgSO_4$ generated on MgO surfaces for the reaction of MgO with SO_2 and O_2[J]. Chemical Engineering Science, 2011, 66(6): 1142-1149.

[50] Fang H., Wang J., Yu R., et al. Sulfur management of NO_x adsorber technology for diesel light-duty vehicle and truck applications [J]. SAE Technical Paper 2003-01-3245, 2003, doi: 10.4271/2003-01-3245.

[51] Garcia G., Atilhan M., Aparicio S. A density functional theory insight towards the rational design of ionic liquids for SO_2 capture[J]. Physical Chemistry Chemical Physics, 2015, 17(20): 13559-13574.

[52] Gómez-Barea A., Ollero P. An approximate method for solving gas-solid non-catalytic reactions[J]. Chemical Engineering Science, 2006, 61 (11):

3725-3735.

[53]Guo J.X.,Fan L.,Peng J.F.,et al.Desulfurization activity of metal oxides blended into walnut shell based activated carbons[J].Journal of Chemical Technology and Biotechnology,2014,89(10): 1565-1575.

[54]Guo J.X.,Qu Y.F.,Shu S.,et al.Effects of preparation conditions on Mn-based activated carbon catalysts for desulfurization[J]. New Journal of Chemistry,2015,39(8): 5997-6015.

[55]Gupta V.K.,Ali I.,Suhas,et al.Equilibrium uptake and sorption dynamics for the removal of a basic dye(basic red)using low-cost adsorbents[J]. Journal of Colloid and Interface Science,2003,265(2): 257-264.

[56]Happel M.,Kylhammar L.,Carlsson P.A.,et al.SO_x storage and release kinetics for ceria-supported platinum[J]. Applied Catalysis B: Environmental,2009,91(3-4): 679-682.

[57] He G., He H. DFT studies on the heterogeneous oxidation of SO_2 by oxygen functional groups on graphene[J]. Physical Chemistry Chemical Physics,2016,18(46): 31691-31697.

[58]Ishida M.,Wen C.Y.Comparison of zone-reaction model and unreacted-core shrinking model in solid-gas reactions—I isothermal analysis[J].Chemical Engineering Science,1971,26(7): 1031-1041.

[59]Izquierdo M.T.,Rubio B.Carbon-enriched coal fly ash as a precursor of activated carbons for SO_2 removal[J].Journal of Hazardous Materials,2008, 155(1-2): 199-205.

[60]Jiang R.Y.,Shan H.H.,Zhang Q.,et al.The influence of surface area of De-SO_x catalyst on its performance [J]. Separation and Purification Technology,2012,95: 144-148.

[61]Jiang R.,Shan H.,Li C.,et al.Preparation and characterization of Mn/MgAlFe as transfer catalyst for SO_x abatement[J].Journal of Natural Gas Chemistry,2011,20(2): 191-197.

[62]Jiang R.,Shan H.,Zhang J.,et al.Influence of the copper content of De-SO_x catalyst on performance[J].Journal of Energy Engineering,2015,141

(4),doi: 10.1061/(ASCE)EY.1943-7897.0000226

[63]Jiang R.,Zhang J.,Tang Z.,et al.De-SO_x performance of spinels containing manganese[J]. Chemical Engineering & Technology, 2014, 37 (11): 1982-1986.

[64]Kang H.T.,Lv K.,Yuan S.L.Synthesis,characterization,and SO_2 removal capacity of MnMgAlFe mixed oxides derived from hydrotalcite-like compounds[J].Applied Clay Science,2013,72: 184-190.

[65]Kang H.T.,Zhang C.Y.,Lv K.,et al.Surfactant-assisted synthesis and catalytic activity for SO_x abatement of high-surface-area CuMgAlCe mixed oxides[J].Ceramics International,2014,40(4): 5357-5363.

[66]Karatepe N.,Orbak I.,Yavuz R.,et al. Sulfur dioxide adsorption by activated carbons having different textural and chemical properties[J]. Fuel,2008,87(15-16): 3207-3215.

[67]Kasaoka S.,Sasaoka E.,Funahara M.,et al.Process development for dry-type simultaneous removal of sulfur oxides and nitrogen oxides[J].Kagaku Kogaku Ronbunshu,1982,8: 459-463.

[68]Kim D.H.Sulfation and desulfation mechanisms on Pt-BaO/Al_2O_3 NO_x storage-reduction(NSR)catalysts[J].Catalysis Surveys from Asia,2014,18 (1): 13-23.

[69]Kim K.,Kim J.,Lee H.Hollow fiber membrane process for SO_2 removal from flue gas[J].Journal of Chemical Technology and Biotechnology, 2015,90(3): 423-431.

[70]Kim Y.H.,Tuan V.A.,Park M.K.,et al.Sulfur removal from municipal gas using magnesium oxides and a magnesium oxide/silicon dioxide composite [J].Microporous and Mesoporous Materials,2014,197:299-307.

[71]Kylhammar L.,Carlsson P.A.,Ingelsten H.H.,et al.Regenerable ceria-based SO_x traps for sulfur removal in lean exhausts[J].Applied Catalysis B: Environmental,2008,84(1-2): 268-276.

[72]Lange O.L.,Tenhunen J.D.Moisture content and CO_2 exchange of lichens. II.Depression of net photosynthesis in Ramalina maciformis at high water

content is caused by increased thallus carbon dioxide diffusion resistance [J].Oecologia,1981,51(3): 426-429.

[73]Li J.,Chen F.P.,Jin G.P.,et al.Removals of aqueous sulfur dioxide and hydrogen sulfide using CeO_2-NiAl-LDHs coating activated carbon and its mix with carbon nano-tubes[J].Colloids and Surfaces A: Physicochemical and Engineering Aspects,2015,476: 90-97.

[74]Li L.Y.,King D.L.High-capacity sulfur dioxide absorbents for diesel emissions control[J].Industrial & Engineering Chemistry Research,2005b,44 (1): 168-177.

[75]Li L.,Chen Z.M.,Zhang Y.H.,et al.Kinetics and mechanism of heterogeneous oxidation of sulfur dioxide by ozone on surface of calcium carbonate [J].Atmospheric Chemistry and Physics,2006,6: 2453-2464.

[76]Li L.,King D.L.Cryptomelane as high-capacity sulfur dioxide absorbent for diesel emission control:A stability study[J].Industrial & Engineering Chemistry Research,2005c,44(19): 7388-7397.

[77]Li L.,King D.L.Fast-regenerable sulfur dioxide absorbents for lean-burn diesel engine emission control[J].Applied Catalysis B: Environmental, 2010,100(1-2): 238-244.

[78]Li L.,King D.L.Synthesis and characterization of silver hollandite and its application in emission control[J].Chemistry of Materials,2005a,17(17): 4335-4343.

[79]Lietti L.,Forzatti P.,Nova I.,et al.NO_x storage reduction over Pt/Ba/γ-Al_2O_3 catalyst[J].Journal of Catalysis,2001,204(1): 175-191.

[80]Limousy L.,Mahzoul H.,Brilhac J.F.,et al.A study of the regeneration of fresh and aged SO_x adsorbers under reducing conditions[J].Applied Catalysis B: Environmental,2003,45(3): 169-179.

[81]Limousy L.,Mahzoul H.,Brilhac J.F.,et al.SO_2 sorption on fresh and aged SO_x traps[J].Applied Catalysis B: Environmental,2003,42(3): 237-249.

[82]Liu X.C.,Osaka Y.,Huang H.Y.,et al.Development of low-temperature desulfurization performance of a MnO_2/AC composite for a combined SO_2

trap for diesel exhaust[J].RSC Advances,2016,6(98): 96367-96375.

[83]Liu X.,Osaka Y.,Huang H.,et al.Development of high-performance SO_2 trap materials in the low-temperature region for diesel exhaust emission control[J].Separation and Purification Technology,2016,162: 127-133.

[84]Liu Z.H.,Qiu J.R.,Liu H.,et al.Effects of SO_2 and NO on removal of VOCs from simulated flue gas by using activated carbon fibers at low temperatures[J].Journal of Fuel Chemistry and Technology,2012,40(1): 93-99.

[85]Lo J.M.H.,Ziegler T.,Clark P.D.SO_2 adsorption and transformations on γ-Al_2O_3 surfaces: A density functional theory study[J].The Journal of Physical Chemistry C,2010,114(23): 10444-10454.

[86]Ma J.,Liu Z.,Liu Q.,et al.SO_2 and NO removal from flue gas over V_2O_5/AC at lower temperatures-role of V_2O_5 on SO_2 removal [J]. Fuel Processing Technology,2008,89(3): 242-248.

[87]Ma S.B.,Ahn K.Y.,Lee E.S.,et al.Synthesis and characterization of manganese dioxide spontaneously coated on carbon nanotubes[J].Carbon, 2007,45(2): 375-382.

[88]Mahzoul H.,Limousy L.,Brilhac J.F.,et al.Experimental study of SO_2 adsorption on barium-based NO_x adsorbers[J].Journal of Analytical and Applied Pyrolysis,2000,56(2): 179-193.

[89]Masdrag L.,Courtois X.,Can F.,et al.From the powder to the honeycomb. A comparative study of the NSR efficiency and selectivity over Pt-CeZr based active phase[J].Catalysis Today,2015,241: 125-132.

[90]Masdrag L.,Courtois X.,Can F.,et al.Understanding the role of C_3H_6,CO and H_2 on efficiency and selectivity of NO_x storage reduction (NSR) process[J].Catalysis Today,2012,189(1): 70-76.

[91]Mathew S.M.,Umbarkar S.B.,Dongare M.K.NO_x storage behavior of BaO in different structural environment in NSR catalysts[J].Catalysis Communications,2007,8(8): 1178-1182.

[92]Mathieu Y.,Tzanis L.,Soulard M.,et al.Adsorption of SO_x by oxide mate-

rials: A review[J].Fuel Processing Technology,2013,114:81-100.

[93]Meunier F.C.,Ross J.R.H.Effect of ex situ treatments with SO_2 on the activity of a low loading silver-alumina catalyst for the selective reduction of NO and NO_2 by propene[J].Applied Catalysis B: Environmental,2000,24 (1): 23-32.

[94]Milne C. R., Silcox G. D., Pershing D. W., et al. High-temperature, short-time sulfation of calcium-based sorbents.1[J].Theoretical sulfation model. Industrial & Engineering Chemistry Research,1990,29(11): 2192-2201.

[95]Moshiri H., Nasernejad B., Ale Ebrahim H., et al. Solution of coupled partial differential equations of a packed bed reactor for SO_2 removal by lime using the finite element method[J]. RSC Advances, 2015, 5 (23): 18116-18127.

[96]Nakatsuji T., Yasukawa R., Tabata K., et al. A highly durable catalytic NO_x reduction in the presence of SO_x using periodic two steps, an operation in oxidizing conditions and a relatively short operation in reducing conditions[J].Applied Catalysis B: Environmental,1999,21(2): 121-131.

[97]Nakatsuji T., Yasukawa R., Tabata K.,et al.Catalytic reduction system of NO_x in exhaust gases from diesel engines with secondary fuel injection[J]. Applied Catalysis B: Environmental,1998,17(4): 333-345.

[98]Nakatsuji T., Yasukawa R., Tabata K.,et al.Highly durable NO_x reduction system and catalysts for NO_x storage reduction system[J].SAE Technical Paper 980932,1998,doi:10.4271/980932.

[99]Nishioka H., Yoshida K., Asanuma T., et al.Development of clean diesel NO_x after-treatment system with sulfur trap catalyst [J]. SAE International Journal of Fuels and Lubricants,2010,3(1): 30-36.

[100]Olsson L.,Fredriksson M.,Blint R.J.Kinetic modeling of sulfur poisoning and regeneration of lean NO_x traps[J].Applied Catalysis B: Environmental,2010,100(1-2): 31-41.

[101]Orsenigo C., Beretta A., Forzatti P., et al. Theoretical and experimental

study of the interaction between NO_x reduction and SO_2 oxidation over DeNO$_x$-SCR catalysts[J].Catalysis Today,1996,27(1): 15-21.

[102]Osaka Y.,Kito T.,Kobayashi N.,et al.Removal of sulfur dioxide from diesel exhaust gases by using dry desulfurization MnO_2 filter[J].Separation and Purification Technology,2015,150: 80-85.

[103]Osaka Y.,Kurahara S.,Kobayashi N.,et al.Study on SO_2-absorption behavior of composite materials for DeSO$_x$ filter from diesel exhaust[J]. Heat Transfer Engineering,2015,36(3): 325-332.

[104]Osaka Y.,Yamada K.,Tsujiguchi T.,et al.Study on the optimized design of DeSO$_x$ filter operating at low temperature in diesel exhaust[J].Journal of Chemical Engineering of Japan,2014,47: 555-560.

[105]Osaka Y.,Yamada K.,Tsujiguchi T.,et al.Study on the optimized design of DeSO$_x$ filter operating at low temperature in diesel exhaust[J].Journal of Chemical Engineering of Japan,2014,47(7): 555-560.

[106]Ottinger N.A.,Toops T.J.,Pihl J.A.,et al.Sulfate storage and stability on representative commercial lean NO_x trap components [J]. Applied Catalysis B-Environmental,2012,117: 167-176.

[107]Park J.H.,Park S.J.,Nam I.S.Fast colorimetric assay for screening NSR catalyst[J].Catalysis Surveys from Asia,2010,14(1): 11-20.

[108]Park J.W.,Park S.M.,Yoo Y.S.,et al.Deactivation of barium oxide-based NO_x storage and reduction catalyst by hydrothermal treatment [J]. Korean Journal of Chemical Engineering,2008,25(2): 239-244.

[109]Park S.M.,Park J.W.,Ha H.P.,et al.Storage of NO_2 on potassium oxide co-loaded with barium oxide for NO_x storage and reduction (NSR) catalysts[J].Journal of Molecular Catalysis A: Chemical,2007,273(1-2): 64-72.

[110]Parvulescu V.I.,Grange P.,Delmon B.Catalytic removal of NO[J].Catalysis Today,1998,46(4): 233-316.

[111]Pereira H.B.,Polato C.M.S.,Monteiro J.L.F.,et al.Mn/Mg/Al-spinels as catalysts for SO_x abatement: Influence of CeO_2 incorporation and

catalytic stability[J].Catalysis Today,2010,149(3-4): 309-315.

[112]Polato C. M. S., Rodrigues A. C. C., Monteiro J. L. F., et al. High surface area Mn,Mg,Al-spinels as catalyst additives for SO_x abatement in fluid catalytic cracking units [J]. Industrial & Engineering Chemistry Research,2010,49(3): 1252-1258.

[113]Qi G., Yang R. T., Chang R. MnO_x-CeO_2 mixed oxides prepared by co-precipitation for selective catalytic reduction of NO with NH_3 at low temperatures[J].Applied Catalysis B: Environmental,2004,51(2): 93-106.

[114]Qu Y.F., Guo J.X., Chu Y.H., et al. The influence of Mn species on the SO_2 removal of Mn-based activated carbon catalysts[J]. Applied Surface Science,2013,282: 425-431.

[115]Rodas-Grapaín A., Arenas-Alatorre J., Gómez-Cortés A., et al. Catalytic properties of a CuO-CeO_2 sorbent-catalyst for De-SO_x reaction[J].Catalysis Today,2005,107-108: 168-174.

[116]Rubio B., Izquierdo M. T. Coal fly ash based carbons for SO_2 removal from flue gases[J].Waste Management,2010,30(7): 1341-1347.

[117]Rubio B., Izquierdo M. T., A. M. Mastral. Influence of low-rank coal char properties on their SO_2 removal capacity from flue gases. 2. Activated chars[J].Carbon,1998,36(3): 263-268.

[118]Saur O., Bensitel M., Saad A. B. M., et al. The structure and stability of sulfated alumina and titania [J]. Journal of Catalysis, 1986, 99 (1): 104-110.

[119]Sedlmair C., Seshan K., Jentys A., et al. Studies on the deactivation of NO_x storage-reduction catalysts by sulfur dioxide[J]. Catalysis Today, 2002,75(1-4): 413-419.

[120]Shen B., Liu T., Zhao N., et al. Iron-doped Mn-Ce/TiO_2 catalyst for low temperature selective catalytic reduction of NO with NH_3 [J].Journal of Environmental Sciences,2010,22(9): 1447-1454.

[121]Sivakkumar S. R., Ko J. M., Kim D. Y., et al. Performance evaluation of CNT/polypyrrole/MnO_2 composite electrodes for electrochemical capaci-

tors[J].Electrochimica Acta,2007,52(25): 7377-7385.

[122]Smirnov M.Y.,Kalinkin A.V.,Pashis A.V.,et al.Comparative XPS study of Al_2O_3 and CeO_2 sulfation in reactions with SO_2,SO_2+ O_2,SO_2+ H_2O,and SO_2 + O_2 + H_2O [J]. Kinetics and Catalysis, 2003, 44 (4): 575-583.

[123]Sohn H.Y.,Han D.H.Ca-Mg acetate as dry SO_2 sorbent: Ⅲ.Sulfation of MgO plus CaO[J].Aiche Journal,2002,48(12): 2985-2991.

[124]Souza S.,Santos F.B.F.,Souza A.A.U.,et al.Limestone dissolution in flue gas desulfurization-experimental and numerical study [J]. Journal of Chemical Technology and Biotechnology,2010,85(9): 1208-1214.

[125]Sumathi S.,Bhatia S.,Lee K.T.,et al.Selection of best impregnated palm shell activated carbon(PSAC)for simultaneous removal of SO_2 and NO_x [J].Journal of Hazardous Materials,2010,176(1-3): 1093-1096.

[126]Sumathi S.,Bhatia S.,Lee K.T.,et al.SO_2 and NO simultaneous removal from simulated flue gas over cerium-supported palm shell activated at lower temperatures-role of cerium on NO removal[J].Energy & Fuels, 2010,24(1): 427-431.

[127]Sun F.,Gao J.,Zhu Y.,et al.Adsorption of SO_2 by typical carbonaceous material:A comparative study of carbon nanotubes and activated carbons [J].Adsorption,2013,19(5): 959-966.

[128]Sun P.,Grace J.R.,Lim C.J.,et al.The effect of CaO sintering on cyclic CO_2 capture in energy systems [J]. Aiche Journal, 2007, 53 (9): 2432-2442.

[129]Tang Q.,Huang X.,Chen Y.,et al.Characterization and catalytic application of highly dispersed manganese oxides supported on activated carbon [J].Journal of Molecular Catalysis A: Chemical,2009,301(1-2): 24-30.

[130]Tang W.,Hou Y.Y.,Wang X.J.,et al.A hybrid of MnO_2 nanowires and MWCNTs as cathode of excellent rate capability for supercapacitors[J]. Journal of Power Sources,2012,197: 330-333.

[131]Tikhomirov K.,Krocher O.,Elsener M.,et al.Manganese based materials

for diesel exhaust SO_2 traps[J]. Applied Catalysis B: Environmental, 2006,67(3-4): 160-167.

[132]Tikhomirov K., Krocher O., Elsener M., et al. MnO_x-CeO_2 mixed oxides for the low-temperature oxidation of diesel soot[J]. Applied Catalysis B: Environmental,2006,64(1-2): 72-78.

[133]Tronconi E., Beretta A. The role of inter- and intra- phase mass transfer in the SCR-DeNO$_x$ reaction over catalysts of different shapes[J]. Catalysis Today,1999,52(2-3): 249-258.

[134]Tsang C., Kim J., Manthiram A. Synthesis of manganese oxides by reduction of $KMnO_4$ with KBH_4 in aqueous solutions[J]. Journal of Solid State Chemistry,1998,137(1): 28-32.

[135]Tseng H. H., Wey M. Y. Study of SO_2 adsorption and thermal regeneration over activated carbon-supported copper oxide catalysts[J]. Carbon,2004, 42(11): 2269-2278.

[136]Tseng H. H., Wey M. Y., Fu C. H. Carbon materials as catalyst supports for SO_2 oxidation:Catalytic activity of CuO-AC[J]. Carbon,2003,41(1): 139-149.

[137]Wang L., Zhang J., Zhao R., et al. Adsorption of Pb(Ⅱ)on activated carbon prepared from Polygonum orientale Linn: Kinetics, isotherms, pH, and ionic strength studies[J]. Bioresource Technology, 2010, 101 (15): 5808-5814.

[138]Wang Q., Zhu J. H., Wei S. Y., et al. Sulfur poisoning and regeneration of NO$_x$ storage-reduction Cu/$K_2Ti_2O_5$ catalyst[J]. Industrial & Engineering Chemistry Research,2010,49(16): 7330-7335.

[139]Wang Y., Li X., Zhan L., et al. Effect of SO_2 on activated carbon honey-comb supported CeO_2-MnO_x catalyst for NO removal at low temperature [J]. Industrial & Engineering Chemistry Research, 2015, 54 (8): 2274-2278.

[140]Waqif M., Bazin P., Saur O., et al. Study of ceria sulfation[J]. Applied Catalysis B: Environmental,1997b,11(2): 193-205.

[141]Waqif M.,Pieplu A.,Saur O.,et al.Use of CeO_2-Al_2O_3 as a SO_2 sorbent [J].Solid State Ionics,1997a,95(1-2): 163-167.

[142] Waqif M., Saur O., Lavalley J. C., et al. Evaluation of magnesium aluminate spinel as a sulfur dioxide transfer catalyst [J]. Applied Catalysis,1991,71(2): 319-331.

[143]Watkins L.A.T.,Blom D.,Lance M.,et al.11th Diesel Engine Emissions Reduction(DEER)Workshop,2005.

[144]Wen C.Y.,Ishida M.Reaction rate of sulfur dioxide with particles containing calcium oxide[J].Environmental Science & Technology,1973,7(8): 703-708.

[145]Wu Y.,Lu Y.,Song C.,et al.A novel redox-precipitation method for the preparation of α-MnO_2 with a high surface Mn^{4+} concentration and its activity toward complete catalytic oxidation of oxylene[J].Catalysis Today, 2013,201: 32-39.

[146]Xia Y.,Meng L.,Jiang Y.,et al.Facile preparation of MnO_2 functionalized baker's yeast composites and their adsorption mechanism for Cadmium [J].Chemical Engineering Journal,2015,259: 927-935.

[147]Xie X.,Gao L.Characterization of a manganese dioxide/carbon nanotube composite fabricated using an in situ coating method[J].Carbon,2007,45 (12): 2365-2373.

[148]Yan Z.,Wang J.P.,Zou R.Q.,et al.Hydrothermal synthesis of CeO_2 nanoparticles on activated carbon with enhanced desulfurization activity[J]. Energy & Fuels,2012,26(9): 5879-5886.

[149]Yang L.,Jiang X.,Yang Z.S.,et al.Effect of $MnSO_4$ on the removal of SO_2 by manganese-modified activated coke[J].Industrial & Engineering Chemistry Research,2015,54(5): 1689-1696.

[150]Yang W.,Liu F.,Xie L.,et al.Effect of V_2O_5 additive on the SO_2 resistance of a Fe_2O_3/AC catalyst for NH_3-SCR of NO_x at low temperatures [J]. Industrial & Engineering Chemistry Research, 2016, 55 (10): 2677-2685.

[151]Yoshida K., Asanuma T., Nishioka H., et al.Development of NO_x reduction system for diesel aftertreatment with sulfur trap catalyst[J]. SAE Technical Paper 2007-01-0237,2007,doi: 10.4271/2007-01-0237.

[152]Yu H.Q., Wu Y.B., Song T.B., et al.Preparation of metal oxide doped ACNFs and their adsorption performance for low concentration SO_2[J]. International Journal of Minerals Metallurgy and Materials, 2013, 20 (11): 1102-1106.

[153]Yuan A., Zhang Q.A novel hybrid manganese dioxide/activated carbon supercapacitor using lithium hydroxide electrolyte[J]. Electrochemistry Communications,2006,8(7): 1173-1178.

[154]Zhang D.,Ji L.,Liu Z.,et al.Kinetics of thermal regeneration of SO_2-captured V_2O_5/AC[J].Industrial & Engineering Chemistry Research,2015, 54(38): 9289-9295.

[155]Zhao L., Li X., Quan X., et al.Effects of surface features on sulfur dioxide adsorption on calcined NiAl hydrotalcite-like compounds[J]. Environmental Science & Technology,2011,45(12): 5373-5379.

[156]Zhao Y., Hu G.Removal of SO_2 by a mixture of caprolactam tetrabutyl ammonium bromide ionic liquid and sodium humate solution[J].RSC Advances,2013,3(7): 2234-2240.

[157]Zuo Y., Yi H., Tang X., et al.Study on active coke-based adsorbents for SO_2 removal in flue gas[J].Journal of Chemical Technology and Biotechnology,2015,90(10): 1876-1885.